U0159191

人工智能与智能教育丛书　袁振国 / 主编

杨晓哲　著

VIRTUAL REALITY

虚拟现实

教育科学出版社
·北　京·

出 版 人　李　东
责任编辑　殷　欢
版式设计　私书坊　沈晓萌
责任校对　马明辉
责任印制　叶小峰

图书在版编目（CIP）数据

虚拟现实/杨晓哲著. —北京：教育科学出版社，2022.3
（人工智能与智能教育丛书/袁振国主编）
ISBN 978-7-5191-2953-8

Ⅰ.①虚…　Ⅱ.①杨…　Ⅲ.①虚拟现实　Ⅳ.①TP391.98

中国版本图书馆CIP数据核字（2022）第019032号

人工智能与智能教育丛书
虚拟现实
XUNI XIANSHI

出版发行	教育科学出版社		
社　　址	北京·朝阳区安慧北里安园甲9号	邮　　编	100101
总编室电话	010-64981290	编辑部电话	010-64981269
出版部电话	010-64989487	市场部电话	010-64989009
传　　真	010-64891796	网　　址	http://www.esph.com.cn
经　　销	各地新华书店		
制　　作	北京思瑞博企业策划有限公司		
印　　刷	北京联合互通彩色印刷有限公司		
开　　本	720毫米×1020毫米　1/16	版　　次	2022年3月第1版
印　　张	9.75	印　　次	2022年3月第1次印刷
字　　数	89千	定　　价	60.00元

丛书序言

人类已经进入智能时代。以互联网、大数据、云计算、区块链特别是人工智能为代表的新技术、新方法，正深刻改变着人类的生产方式、通信方式、交往方式和生活方式，也深刻改变着人类的教育方式、学习方式。

人类第三次教育大变革即将到来

3000 年前，学校诞生，这是人类第一次教育大变革。人类开启了有目的、有计划、有组织的文明传递历史进程，知识被有效地组织起来，文明进程大大提速。但能够接受学校教育的人数在很长时间里只占总人口数的几百分之一甚至几千分之一，古代学校教育是极为小众的精英教育。

300 年前，工业革命到来。工业化生产向每个进入社会生产过程的人提出了掌握现代科学知识的要求，也为提供这种知识的教育创造了条件，这导致以班级授课制为基础的现代教育制度诞生。这是人类第二次教育大变革。班级授课制极大地提高了教育效率，使得大规模、大众化教育得以实现。但是，这种教育也让人类付出了沉重的代价，人类教育从此走上了标准化、统一化、单一化道路，答案标准、节奏统一、内容单一，极大地限制了人的个性化和自由性发展。尽管几百年来人们进行了各种努力，力图通过学分制、选修制、弹性授课制等多种方式缓解和抵消标准化班级授课制带来的弊端，但总的说来只是杯水车薪，收效甚微。

今天，网络化、数字化特别是智能化，为实现大规模个性化教育提供了可能，为人类第三次教育大变革创造了条件。

人工智能助力实现教育个性化的关键是智适应学习技术，它通过构建揭示学科知识内在关系的知识图谱，测量和诊断学习者的已有水平，跟踪学习者的学习过程，收集和分析学习者的学习数据，形成个性化的学习画像，为学习者提供个性化的学习方案，推送最合适的学习资源和学习路径。在反复测量、推送、跟踪学习、反馈的过程中，把握学习者的最近发展区[①]，为每个人提供最适合的学习内容和学习方式，激发学习者的学习兴趣和学习热情，使学习者获得成就感、增强自信心。

智能教育将是未来十年人工智能发展的“风口”

人工智能正在加速发展。从人工智能概念的提出，到

① 最近发展区理论是由苏联教育家维果茨基（Lev Vygotsky）提出的儿童教育发展观。他认为学生的发展有两种水平：一种是学生的现有水平，指独立活动时所能达到的解决问题的水平；另一种是学生可能的发展水平，也就是通过教学所获得的潜力。两者之间的差异就是最近发展区。教学应着眼于学生的最近发展区，为学生提供带有难度的内容，调动学生的积极性，使其发挥潜能，超越最近发展区而达到下一发展阶段的水平。

人工智能的大规模运用，花费了50年的时间。而从深蓝（Deep Blue）到阿尔法狗（AlphaGo），再到阿尔法虎（AlphaFold），人工智能实现三步跨越只用了22年时间。

1997年5月，IBM的电脑深蓝在一场著名的人机对弈中首次击败了国际象棋大师加里·卡斯帕罗夫（Garry Kasparov），证明了人工智能在某些情况下有不弱于人脑的表现。深蓝的主要工作原理是用穷举法，列举所有可能的象棋走法，并利用为加速搜索过程专门设计的“象棋芯片”，采用并行搜索策略进一步加速，在搜索广度和速度上战胜了人类。

2016年3月，谷歌机器人阿尔法狗第一次击败职业围棋高手李世石。阿尔法狗的主要工作原理是“深度学习”。深度学习（deep learning）是一种复杂的机器学习算法，它试图模仿人脑的神经网络建立一个类似的学习策略，进行多层的人工神经网络和网络参数的训练。上一层神经网络会把大量矩阵数字作为输入，通过非线性加权和激活函数运算，输出另一个数据集合，该集合作为下一层神经网络的输入，反复迭代构成一个“深度”的神经网络结构。深度学习本质上是通过大数据训练出来的智能，其最终目标是让机器能够像人一样具有分析学习能力，能够识别文字、图像和声音等数据。

2019年谷歌的阿尔法虎可以仅根据基因“代码”来预测生成蛋白质3D形状。蛋白质是生命存在的基础，和细胞组成内容息息相关。蛋白质的功能取决于它的3D结构，通过把基因序列转化为氨基酸序列，绘制出蛋白质最终的形状，是科学家一直在研究和探讨的前沿科学问题。一旦研究得出结果，将帮助我们解开生命的奥秘。阿尔法虎的工作原理是使用数千个已知的蛋白质来训练一个深度神经网络，利用该神经网络来预测未知蛋白质结构的一些关键参数，如氨基酸对之间的距离、连接这些氨基酸的化学键及它们之间的角度等，从而发现蛋白质的3D结构。

深蓝是经典人工智能的一次巅峰表演，通过算法与硬件的最佳结合，将传统人工智能方法发挥到极致；阿尔法狗是新兴的深度学习技术最具成就的一次展示，是人工智能技术的一次质的飞跃；阿尔法虎则是新兴深度学习技术在应用上的一次突破，超乎想象地完成了人难以完成的蛋白质结构学习这个生命科学领域的前沿问题。从深蓝到阿尔法狗用了近20年时间，从阿尔法狗到阿尔法虎只用了3年时间。人工智能技术更新迭代的速度越来越快，人工智能应用场景也从棋类等高级智力游戏向生物医学等科学前沿转变，这将从方方面面影响甚至改变人类生活。随着人工智能从感知智能向认知智能发展，从数据驱动向知识与数据联合驱动跃进，人工智能的可信度、可解释性不断提高，应用的广度和深度无疑将会得到难以想象的拓展。

教育是人工智能应用的最重要和最激动人心的场景之一，正在成为人工智能的下一个“风口”。国家主席习近平向2019年在北京召开的国际人工智能与教育大会所致贺信中指出：“中国高度重视人工智能对教育的深刻影响，积极推动人工智能和教育深度融合，促进教育变革创新，充分发挥人工智能优势，加快发展伴随每个人一生的教育、平等面向每个人的教育、适合每个人的教育、更加开放灵活的教育。”同年10月，中共十九届四中全会通过了《中共中央关于坚持和完善中国特色社会主义制度推进国家治理体系和治理能力现代化若干重大问题的决定》，明确提出在构建服务全民终身学习的教育体系中，应发挥网络教育和人工智能优势，创新教育和学习方式，加快发展面向每个人、适合每个人、更加开放灵活的教育体系。把握历史机遇，抢占人工智能高地，引领人类第三次教育变革，时不我待。

智能教育前景无限、任重道远

人工智能在教育场景的应用，与工业、金融、通信、交通等场景不同，与医疗、司法、娱乐等场景也有显著的不同，它作用的对象是人，是人的思想、感情、人格，因而不仅仅要提高效率、赋能教育，更要关注教育的特殊性，重塑教育。但到目前为止，人工智能在教育中的运用尚停留于教育的传统场景，是以技术为中心，是对现有教育效能的强化，对现有教育效率的提高。至于现有教育效能是否需要强化，现有教育效率是否需要提高，尚缺乏思考，更缺少技术应对。我把目前这种状态称为“人工智能+教育”。而我们更需要的是基于促进人的发展的需要的智能教育，是以人的发展为中心，以遵循教育规律为旨归，它不仅赋能教育，更是重塑教育，是创设新的教育场景，促进教育的变革，促进人的自由的、自主的、有个性的发展，我把它称为“教育+人工智能”。

智适应学习的研究和运用目前也尚处于知识教学的层面，与全面育人的理念和教育功能相差甚远。从知识学习拓展到能力养成、情感价值熏陶，是更大的目标和更大的挑战。研发 3D 智适应学习系统，即通过知识图谱、认知图谱、情感图谱的整体开发，实现知识、能力、情感态度教育的一体化，提供有温度的智能教育个性化学习服务。促进学习者快学、乐学、会学，促进学习者成长、成功、成才，是“教育 + 人工智能”的出发点，也是华东师范大学上海智能教育研究院的追求目标。

培养智能素养，实现人机协同

人工智能不仅正进入各行各业，深刻改变所有行业的面貌，而且影响到我们每个人的生活；不仅为智能教育的发展创造了条件，也提出了提高教师运用智能教育技术改进教学方式的能力的要求，提出了提高全民智能素养的要求。关键的一点是学会人机协同。在智能时代，能否人机互动、人机协同，直接关系到一个人的工作效能，关系到学生学习、教师教学的效能和价值，也关系到每个人的生活能力和生活质量。对全体国民来说，提高智能素养，了解人工智能的基本原理、功能和产品使用，就如同工业革命到来以后，了解现代科学的知识一样，已成为每个公民的必备能力和基本素养。为此，我们组织编写了这套“人工智能与智能教育丛书”。

本丛书聚焦人工智能关键技术和方法，及其在教育场景应用的潜在机会与挑战，提出智能教育的未来发展路径。

为了编写这套丛书，我们组建了多学科交叉的研究团队，吸纳了计算机科学、软件工程、数据科学、心理科学、脑科学与教育科学学者共同参与和紧密结合，以人工智能关键技术为牵引，以教育场景应用为落脚点，力图系统解读人工智能关键技术的发展历史、理论基础、技术进展、伦理道德、运用场景等，分析在教育场景中的应用形式和价值。

本丛书定位于高水平科学普及，人人需看；秉持基础性、可靠性、生动性，从读者立场出发，理论联系实际，技术结合场景，力图通俗易懂、生动活泼，通过故事、案例的讲述，深入浅出、图文并茂地讲清原理、技术、应用和前景，希望人人爱看。

组织和参与这样一个跨越多学科的工程，对我们来说还是第一次尝试，由于经验和能力有限，从丛书整体策划到每一分册的写作，一定都存在许多不足甚至错误，诚恳希望读者、专家提出批评和改进建议。我们将不断更新迭代，使之不断完善。

华东师范大学上海智能教育研究院院长　袁振国

2021 年 5 月

本书序言

无论是谁，当我们第一次接触沉浸式虚拟现实的时候，都会一声惊叹。那种整个人仿佛置身于一个完全虚拟的世界之中，又能够以一种近乎自然的方式进行走动、下蹲、跳跃的交互感觉，让人难以忘怀。

人的确是生存于三维空间场景之中，但是又很少能够体验另一个建构出来的新三维世界。或许，是因为屏幕带给我们的三维感知始终是以平面的方式演绎的，我们太少能够身处三维之中体验三维。体验三维世界这一原始的初衷早在计算机诞生之初就已生根发芽，人们希望用一系列的计算机技术打造一个虚拟世界，然几经波折仍未完美实现，却也不断逼近这一设想。某些时候，将虚拟逼近现实的感觉已经不是目标，超越现实成为虚拟现实的另一大趋势。到那时，我们无法区分现实还是虚拟，便不必区分，而是进入虚拟现实的全新世界。

对大多数人来说，虚拟现实是神秘的，是小众的，是充满未知的。本书希望用通俗易懂的语言，不带有任何公式的方式，为你解读虚拟现实，揭开虚拟现实的神秘面纱。第一章虚拟现实的前世今生，从早期模型、起始幻想、初创形态、崭露头角到梦想成真五个阶段为你揭示虚拟现实的发展历程。第二章虚拟现实的技术揭秘，从多个维度解读虚拟现实在视觉、听觉、触觉、环境建模与人机交互等方面的细节，全面展现虚拟现实的技术方式与底层逻辑，让你对虚拟现实的技术支柱不再陌生。第三章人人都能享有的虚拟现实，则从娱乐休闲、艺术设计、医疗健康、社交办公、旅游观光、建筑建设、电商购物、军事训练、教育教学等九大不同领域，展现了虚拟现实的无穷可能性，让你觉得虚拟现实不再遥远，而是触手可及。第四章虚拟现实的未来展望，则从没有边界的虚拟现实、超越逼真的虚拟现实、智能重塑的虚拟现实三个方面拓展了对虚拟现实的未来想象。

本书的撰写过程离不开团队的共同努力，实属一次难得的学习、研究与分享机会。刘昕、王钦、胡琳琳共同参与了书稿编撰工作。在多轮探讨、商榷、迭代的过程中，全书不断完善更新。虽然想尽力高质量地完成本书，但由于时间和水平有限，难免存在不足，恳请读者批评指正。

截至本书完稿之日，我们仍旧坚信虚拟现实远远没有定型，现在我们所能遇见的仅仅只是虚拟现实的黎明。但这并不妨碍我们一起翻阅此书，等待日出，预见未来。

杨晓哲

2021 年 10 月

目　录

一 虚拟现实的前世今生

人们生存于现实世界之中，但却可以通过各类装置与设备获得虚拟体验。随着虚拟体验程度的不断加强，虚拟与现实之间的界线越发模糊。大脑在一次次地区别虚拟与现实，直到难以辨别，便自动放弃了分别二者，于是尽情沉浸其中，感受新世界的新可能。

然而，今天的虚拟现实足以部分“欺骗”大脑的效果来之不易。经历了多轮的迭代改进，经过了一次次的技术突破与整合优化，虚拟现实才有了今天的模样。

虚拟现实译自英文 Virtual Reality，简称 VR，意指虚拟与现实的结合。其融合了多媒体技术、传感器技术，以及仿生学、心理学、网络通信技术等多门学科，并在此基础上发展而来。虽然虚拟现实相关的技术和研究已发展多年，但作为一个完整的科学概念出现，最初是由美国 VPL

公司创始人杰伦·拉尼尔（Jaron Lanier）在20世纪80年代提出的。拉尼尔指出，虚拟现实技术指的是由计算机产生的三维交互环境，用户参与其中并融入角色，进而获取感知与经验。对于虚拟现实的定义众说纷纭，目前学术界普遍认为：虚拟现实技术是一种能够创建和体验虚拟世界的计算机仿真系统。这一数字化系统为用户提供视觉、听觉、触觉、嗅觉等一体化感官模拟，操作者可借助必要的外设装备，与虚拟环境中的物体展开交互并相互影响，获得与真实环境的相似感受和体验，置身其中，仿佛身临其境。

关于虚拟现实雏形的描述，最早可以追溯到1935年美国科幻小说家斯坦利·G.温鲍姆（Stanley G. Weinbaum）的科幻小说《皮格马利翁的眼镜》(*Pygmalion's Spectacles*)。该故事描述了一副"神奇的眼镜"能够帮助用户体验一个充满气味、味道和触感的世界。

图1-1 小说《皮格马利翁的眼镜》中设想的虚拟现实设备

（图片来自：http://5b0988e595225.cdn.sohucs.com/images/20190721/742456e148e94097932a6a59c1675d9a.jpeg）

虚拟现实概念和研究范式逐步成熟，其实际应用的发展与相关的科学技术，尤其是计算机科学的发展密不可分。近十年来，终端设备制造商将虚拟现实技术逐渐通过各类形态的产品铺开，进而被普通大众所熟悉。回顾虚拟现实的发展历程，是一场波澜曲折，充满理想与幻灭、幻想与追求的探索之旅。

早期模型：立体视觉模拟器

纵观人类历史，不管哪个时期，人们都渴望把所经历的记录下来。古人也会通过种种手段营造一个环境，让后世的人们了解和体验那些逝去的瞬间。某种程度上，我国的麦积山石窟、龙门石窟、敦煌壁画等都是伴随着这一原始的渴望而萌生的。

图 1-2 龙门石窟

（图片来自：http://www.lmsk.gov.cn/html/1//2/11/index.html）

视觉是我们感知外部世界最直接、最直观的方式之一。视觉成像于眼球后壁的视网膜上，而正是我们眼球中的折光，让我们时刻都在进行并体验着这项“光的艺术”，并在千百年来的历史上吸引无数人研究终生。在很长的一段时间里，人们通过尝试赋予图片或雕塑更丰富的色泽和质感，以营造这种体验。

进入19世纪后，人们开始尝试将这种平面的视觉感受转变为立体的视觉，因而各类立体视觉模拟器应运而生。1838年，查尔斯·惠特斯通（Charles Wheatstone）尝试利用两张平面图片创建出可供3D观看的设备，并将这一设备命名为“立体镜”（见图1-3），但因其过于笨重而并未得到普及。1849年，戴维·布儒斯特（David Brewster）发明了改良版“立体镜”，该设备仅使用一张印有两个图像的单张卡片，放置于一种便携式设备上，在减小体积的同时更加方便了用户的使用。

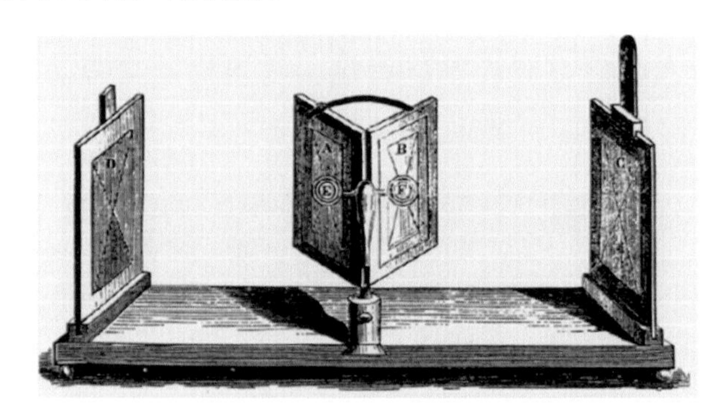

图1-3 查尔斯·惠特斯通创建的立体镜

（图片来自：https://new.qq.com/omn/20220207/20220207A09YE400.html）

1957年，美国电影摄影师莫顿·海利希（Morton Heilig）研发出一个名为“体验剧场”（Sensorama）的摩托车仿真器，它具有三维显示和立体声效果，能在用户使用时产生震动的感觉。实际上，莫顿更是一名杰出的电影摄影师，他曾获得1974年戛纳电影节的“最佳导演奖”。但他深信，电影如果可以用五官来享受，会比只用眼睛与耳朵更加震撼，这也是他设计体验剧场的初衷。

但莫顿在电影行业的辉煌并没有延续到科技领域。一

图 1-4　莫顿正在使用他的体验剧场

（图片来自：https://www.sohu.com/a/71010654_266711）

直以来，莫顿都在尝试设计出成功的产品，然而他在科技上的远见一直不被认可，也没能等到虚拟现实技术开花结果的时刻。如今，我们在其 1962 年申请的专利全传感仿真器（*Sensorama Simulator*）中已经可以看到基于立体视觉模拟的虚拟现实技术的思想。全传感仿真器是如此前卫，以至于哪怕得到了包括福特在内的许多商业巨头的青睐，这样过于超前的机器依然在很长时间里无人问津。事实上，时至今日，当年莫顿的很多设想依然没有得到实现。

莫顿还发明了有史以来第一款 VR 头显设备 Telesphere Mask（见图 1-5）。这是一个可伸缩电视设备，通过创建三维立体图像、完整的立体声音、丰富的气味等，给予用户真实的体验，但设备高昂的费用阻碍了它的发展。莫顿的妻子玛丽安和他一起创造了很多发明，为了资助丈夫的创新研究，她背负了巨额债务。这样超前的设想并非完全无人继承。同样是电影人的亚历克斯·兰伯特（Alex Lambert）在公开演讲中多次提及莫顿的体验剧场，称其为“用科技选择性创造事实的早期代表”。而在其Inition公司（英国最早的虚拟现实公司）的不断努力下，VR滑翔衣、RotoVR椅子不断问世，后来者们正尝试沿着这条路一直走下去。

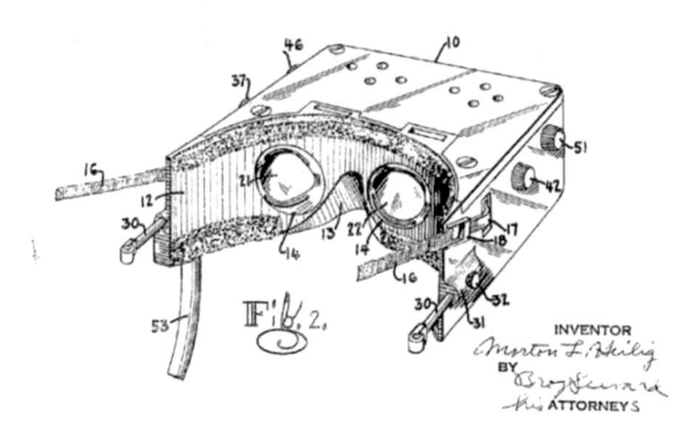

图 1-5　莫顿发明的第一款 VR 头显设备

（图片来自：https://www.sohu.com/a/71010654_266711）

早期，计算机绘图系统只能通过键盘输入复杂的代码或命令来描绘物品的几何形状。这一切因为计算机图形学领域的重要奠基人伊万·萨瑟兰（Ivan Sutherland）的研究而彻底改变。20世纪60年代初，萨瑟兰教授在他的博士论文中提出，让计算机屏幕成为观察客观世界的窗口，并对有关计算机图形交互系统做了论述，这对后来虚拟现实的发展具有极为重要的意义。

1965年，萨瑟兰教授发表了一篇题为《终极展示》（*The Ultimate Display*）的论文，提出了感觉真实、交互真实的人际协作理论。其中描述了一种新兴的显示技术：这项技术可以让用户直接沉浸其中，如同生活在真实世界中进行观察一样。借由此技术，我们不但可以记录并复制出立体视觉，同时可以更直观地为观察者提供不易观察的微观世界，进而熟悉那些在实体世界中无法直接接触到的概念或现象。

萨瑟兰教授的最初设想是用计算机控制场景中的任何物品，并且任何物品的逼真程度都达到极致。在学生的帮助下，萨瑟兰教授设计出一款头部追踪系统的头盔显示器（简称“头显”），其形状和外表让人联想到“达摩克利斯之剑”。

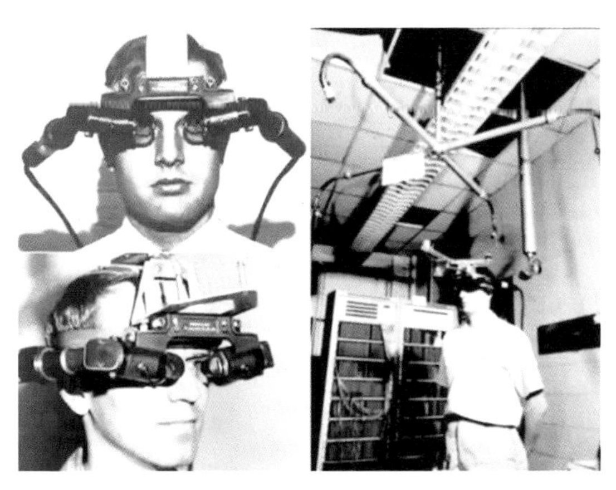

图 1-6　萨瑟兰教授发明的头盔显示器

（图片来自：https://www.sohu.com/a/517252517_120861011）

“达摩克利斯之剑”本身源于一个传说。公元前 4 世纪，意大利叙拉古的僭主狄奥尼西奥斯二世有个朝臣名为达摩克利斯，他日常最爱做的事情就是奉承狄奥尼西奥斯。他说道：“您拥有如此的权力和威信，成为这样一位伟人多么的幸运。”听罢，狄奥尼西奥斯提议：“不如与你互换身份一天，你也尝试一下做首领的感觉。”一天时间中，达摩克利斯非常享受作为国王的感觉，这一感觉一直持续到晚上的宴会。在晚餐结束之际，他发现王位正上方有一把仅用一根马鬃悬挂着的利剑。见状，达摩克利斯立即离开王座，瞬间失去了当国王的兴趣。由此故事便产生了“达摩克利斯之剑”的说法，代表拥有强大的力量却非常不安全，也容易被夺走。

图 1-7　达摩克利斯之剑

（图片来自：https://baike.baidu.com/item/%E8%BE%BE%E6%91%A9%E5%85%8B%E5%88%A9%E6%96%AF%E4%B9%8B%E5%89%91/231450?fr=aladdin）

为什么萨瑟兰教授设计的这款头部追踪系统的头显会被誉为“达摩克利斯之剑”？这是因为这款头部追踪系统的头显非常笨重，用一副机械臂支撑着。正是由于笨重的设备加上虚拟现实中的刺激场景有可能会对大脑造成一定伤害，恰如王位上方悬挂着的利剑，这款头显便被后世称为“达摩克利斯之剑”。这一联想也让人们进一步思考虚拟现实本身带来的两面性，是否意味着人们过度沉迷于虚拟世界之中将带来诸多难以避免的危害？人们又将如何善用自己创建虚拟体验的力量？

萨瑟兰教授又进一步对三维交互图形系统展开研究。他设计了一款实时模拟系统，用户可以避免利用键盘来输入复杂的公式或代码，仅仅用手持物体（如“光笔”等），就能够在计算机屏幕上绘制出三维几何图像，并对图样自由放大缩小，进行保存和复制，甚至计算机中的存储信息也可被改变和更新，极大简化了人与计算机的信息交互，也为后来的交互式图形发展打下了基础。萨瑟兰在图形的显示和交互方面做出了巨大贡献，因此被称为“图形学之父”，而他创造的具有初始意义的虚拟现实技术，也正是虚拟现实在萌芽阶段不可忽视的重要进展。

起始幻想：虚拟仿真训练机

虚拟现实技术需要对生物体自然状态下的感官、动作等行为的模拟与交互做出深刻理解和认识，其发展离不开人类仿真技术的发现与进步。

在我国战国时期，风筝这一物品的发明就体现出极高的仿真技术思想。据《韩非子·外储说》载：“墨翟居鲁山斫木为鹞，三年而成，飞一日而败。”《墨子·鲁问》中也有记载：“公输子削竹木以为鹊，成而飞之，三日不下。”其原材料是竹片或木片，后来人们在上面加上竹哨，风吹来时便发出筝鸣，故称为风筝。这一技术传至西方，被外国人称为飞行器。风筝在某种程度上也让人们虚拟地体验了掌控飞行的感觉。

但在飞机没有被发明和普及之前，人们是如何体验真实地乘坐飞机的感觉呢？是否可以通过虚拟现实技术让人们体验飞翔于蓝天之上的感觉呢？

第一次世界大战结束后，受到大量军用飞机低价出售的市场影响，民间出现了学习飞行技术的航空狂潮。大量新学员涌入训练场，使得本身就紧缺的飞行训练场地变得更加缺乏。同时受到飞机质量的影响，飞行学员与教练员的事故率和死亡率一直居高不下。

发明家埃德温·林克（Edwin Link）在1929年利用自己的飞行经验和乐器的气动部件，制造出了一台飞行练习器——林克教练机（Link Trainer），并称其为"一种有效的航空训练辅助设备，也是一种新奇有益的娱乐装置"。这也是最早的利用工业技术创造出虚拟环境以使人们获得乘坐飞行器的体验和经验的设备之一。

图 1–8　埃德温·林克和林克教练机

（图片来自：https://www.sohu.com/a/400976562_120618719）

在厂商和使用者需求的推动之下，设计者开始对模拟的情景内容进行更加深入的加工。从一开始的模拟存在的既定场景，到后期模拟现实中完全不存在的场景，林克的飞行模拟器也在不断的更迭中，一步步走向更加个性化和仿真性的场景设计中，能够更好地模拟出良好、恶劣甚至不曾经历过的极端天气。根据新式飞机的装备需要，林克研制出能够水平旋转360°的改进型模拟机，并配上辅助监控台等设施。也正是这样的设计，使得第二次世界大战期间超过50万名的新飞行员在执行任务前得以获得相对完整逼真的训练，大大降低了死亡率。

图1-9　利用林克教练机训练飞行员

（图片来自：https://ss1.bdstatic.com/70cFuXSh_Q1YnxGkpoWK1HF6hhy/it/u=216992004,1610164763&fm=26&gp=0.jpg）

1961年，来自飞歌公司（Philco Corporation）的两位工程师詹姆斯·布莱恩（James Bryan）和查尔斯·科莫（Charles Comeau）发明出的一款名为Headsight、具有运动跟踪技术的头戴式显示器（Head-Mounted Display, HMD）也被用于军事训练。Headsight内部有两个视频屏幕，配备的磁跟踪系统能够确定佩戴者头部的方向，头部动作使远程摄像机发生移动，以帮助士兵从远处观察潜在的危险情况和探索僻静的环境。

事实上，军用途径一直是各项技术发展的助推器，因为这样能够获得充足的资金以供稳定的长期研究投入。时间来到20世纪80年代，美国国家航空航天局（National Aeronautics and Space Administration，NASA）联合美国国防部展开了研究地球以外的空间和环境的项目。1984年，来自美国航空航天局下属的埃姆斯研究中心（Ames Research Center）的虚拟行星探测实验室的麦格里维（Michael McGreevy）和汉弗莱斯（Jim Humphries）博士开发了用于火星探测的虚拟环境视觉显示器。探测器将地面的数据输入计算机，随机构造火星表面的三维虚拟环境，帮助研究人员进行模拟和测算。在这之后，NASA持续投入资金支持虚拟现实技术的研究，相继开发出多种通用的多传感器以及各类仿真器，为虚拟现实整体系统的成熟提供了多种新路径。

次年，埃姆斯研究中心研制出了一个名为VIEW的虚拟交互环境工作站（Virtual Interactive Environment Workstation，简称VIEW）。VIEW是集虚拟现实技术之大成者，它的建成为NASA的其他相关项目提供了更为通用与强大的虚拟现实系统平台。VIEW是一个非常复杂的系统，以惠普公司的HP900/835为主计算机，图形处理采用ISG（Information Services Group）公司的图形计算机或HP SRX图形系统，并配备空间跟踪系统来追踪使用者头部和手的位置。VIEW创造出这样的一种虚拟现实环境：周围是预先定义的虚拟物体及三维空间的声响效果，声音识别系统可让使用者用特定的话语内容或声音音效向系统下达命令，此外使用者也能利用手及手指的空间移动所形成的手势来控制系统的行为。最后，系统还会跟踪使用者头部的位置和方向以达到变换视点的效果。

同时期，司各特·菲舍（Scott Fisher）教授受邀加入了美国军方项目，协助NASA为宇航员们开发虚拟环境工作系统。这套系统的目的在于让宇航员从内部控制空间站外部的机器人，这样可以节省大量时间，更重要的是，这样的操作可以大大降低个人人身风险。最终，在埃姆斯研究中心，司各特·菲舍结合以前虚拟现实模拟方面的技术，如体验剧场等，做成了一系列标准配置：显示器、头部跟踪器、语音识别系统、计算机生成图像、数据手套和三维虚拟声源技术。菲舍开发的虚拟环境工作系统中配备的头戴式显示器具有可达180°视场角的超广角光学元件，并可利用高科技仪器手套控制机器人手臂，这大大提高了环境的拟真度和实物的可操控性。

1987年，詹姆斯·福利（James Foley）教授在《科学的美国》上发表文章《先进的计算机界面》，对虚拟现实的含义、人机交互式界面、接口硬件、虚拟现实应用和未来前景做了详细的论述。自此，虚拟现实的概念和理论逐步形成。

初创形态：三维环境与模拟

20世纪50年代末，在美国流行着一种非常有趣的儿童玩具，它的设计在今天的我们看来十分简单——一个不停切换画片的盒子和几张简单的画片。但当你将双眼正对着通光孔，注视着那些不停变换的图像时，你能明显地感受到图片显示的三维效果。这样的体验在今天看来并不算什么，却倒也引人注意，但在当年这样的设计可谓惊艳。人们争相购买这款产品，于是这样一款儿童产品的受众，也就逐渐经由儿童向同样对其好奇的大人转移。最终，这款产品在当年获得了400万件之多的销量。同时，作为由第一位领导大型企业工作室的非裔美国工业设计师销售和设计的产品，它的出现也注定了其在历史中的独特地位。这款产品的名字叫“视觉大师”(View-Master)。

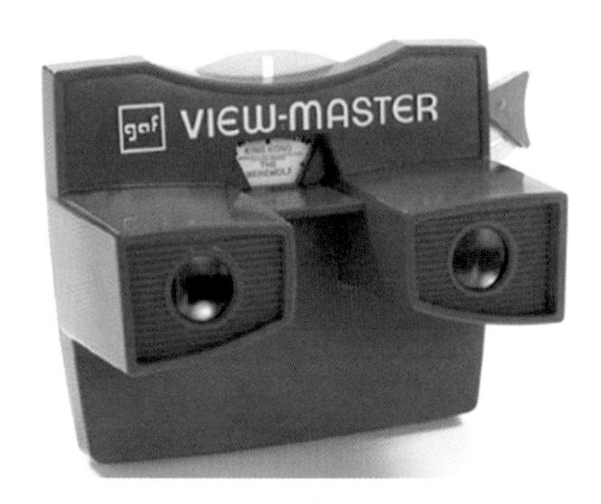

图1-10　产品“视觉大师”（View-Master）

（图片来自：https://www.museumofplay.org/toys/view-master/）

View-Master的历史可以追溯到20世纪30年代后期的美国俄勒冈州波特兰市，最初由威廉·格鲁伯（William Gruber）和哈罗德·格雷夫斯（Harold Graves）构思。作为一名摄影爱好者，格鲁伯希望创造这样一种装置：一张照片上包含两个重叠的图像，当通过两个目镜观看时，会出现三维图像。时任索耶斯（Sawyers）摄影服务总裁的格雷夫斯看到了格鲁伯为拍摄立体照片而开发的Gruber相机装置的潜力。两人一拍即合，并结为合伙人，于是View-Master的雏形就在1938年的夏天诞生了。我们可以发现，格鲁伯并没有发明View-Master，但他把它从一个针对摄影师的笨重设备改造成了一个儿童和成年人都喜欢的玩具。最初，View-Master旨在成为一种教育工具，主要针对成年人，但是随着时间的推移，View-Master的影响力很快扩展到其他领域，其中最引人注目的当属后来发展为儿童娱乐玩具的“三维立体眼镜”。

不只是教育和娱乐，历史上美国军方也是View-Master的敏锐拥护者，他们同样看到了其应用到军事训练中的潜力。这是一种廉价而有效的军事训练方式。在随后的多年内，美军实验室主动出击，迅速展开大规模实验并投入使用，并在20世纪40年代初期发动战争时购入了数以万计的View-Master和卷轴。

1978年，曾在麻省理工学院与通用电气工作的埃里克·霍利特（Eric Howlett）发明了一种在虚拟现实系统中使用的超广视角立体镜呈现系统——LEEP（The Large Expanse, Extra Perspective/大跨度，超视角）。LEEP系统提供了非常宽阔的三维立体图像视野，并注意在扩大视角的同时尽可能减少由此产生的畸变。LEEP的镜头能提供VR头盔镜头中最大的视场角，Oculus（虚拟现实一体机）联合创始人帕默·勒基（Palmer Luckey）在2011年定制的第一款Oculus原型中仍然选择采用LEEP的镜头方案。

图 1-11 具有超广视角的立体镜呈现系统——LEEP
（图片来自：http://www.a55.com.cn/uploads/allimg/c161126/14P1014094P-cQ6.jpg）

虚拟现实在高速发展前，不论是作为技术概念还是环境模拟的技术特点本身，都已经在商业市场中占有一席之地，如日本游戏巨头任天堂电子游戏公司对虚拟现实的运用。20 世纪 90 年代中前期，在家用主机领域如日中天的任天堂电子游戏公司计划涉足虚拟现实这一领域。1995 年 7 月 21 日，由产品设计师横井军平担纲开发的 Virtual Boy（虚拟小子）问世，这也是任天堂电子游戏公司最具革命性的产品。如图 1-12 所示，Virtual Boy 由充满科技感的头戴式显示器和双十字键手柄组成，在官方的定义中，这是一台便携式设备，靠单色屏幕制造立体画面。

图 1-12 虚拟现实产品 Virtual Boy（虚拟小子）
（图片来自：https://new.qq.com/omn/20220207/20220207A09YE400.html）

同时搭载 3D 画面的环绕头

部追踪设备 Private Eye 深受横井军平的青睐，他认为自己的竞争对手无法开发甚至模仿基于该技术的游戏产品。但令人惋惜的是，这种前卫的理念和新奇的体验并没有获得市场的认可，并且，当时有报道称，Virtual Boy 等使用的虚拟成像技术对青少年的视力有严重的损害，加之任天堂电子游戏公司内部的冲突，这些都使得 Virtual Boy 的历史寿命严重受损。

时至今日，各式各样的头戴式虚拟现实设备应用场景得以开发，伴随而来的是丰富的软硬件程序。例如，可以带领游客远距离游览名胜古迹的“名胜地点”（应用程序，一款虚拟现实产品），陪伴儿童探索海洋世界的三维动画应用程序等。立体画面搭建的成功实际上是近百年来人们对三维环境和模拟不断探索中的成果之一，今天的我们从对生活的体验中也能感受到，人类对三维视觉和三维视觉环境的探索从未停止。

崭露头角：立体沉浸的空间

1993 年，美国科学家格里戈列·布尔代亚（Grigore Burdea）和法国科学家菲利普·夸费（Philippe Coiffet）在世界电子年会上发表的《虚拟现实系统及其应用》（*Virtual Reality Systems and Applications*）一文提出 VR 技术的三角形，通过直观的方式阐述了虚拟现实的三个最突出的特性：交互性（Interactivity）、沉浸感（Immersion）和想象空间（Imagination），后来被人们称为虚拟现实的“3I”特性。该文还指出，沉浸感仍是未来虚拟现实领域研究的重点，指的是用户在计算机生成的无限接近真实的虚拟现实环境中，通过听觉、视觉、触觉、嗅觉等感官模拟体验，产生一种身临其境的感觉。虽然“虚拟”与“真实”是相对的概念，但是如果虚拟的事物能够给予我们充足的“感知”，那么我们也会产生现场感并认为它是真实的。

我们有时会在梦境中欣喜若狂，也会在梦境中陷入哀伤无法自拔，看似场景搭建十分拙劣的梦境也会让我们信以为真。这正是由于我们的大脑只接收信息，却没有去辨别这些信息的真实性。也正因如此，虚拟现实的设计者们意识到置身于“真实”中的沉浸感来源于外界信息对个体的刺激，而有时只需要进行正确的刺激，在并不需要复制真实世界的情况下，我们就可以体验真实世界中的沉浸感。

1972 年，计算机化的飞行模拟器诞生，这个模拟器的培训驾驶舱内设有三个方向的屏幕，提供了前所未有的虚拟飞行条件，为学员提供了更立体的飞行视野。1977 年，科学家安德鲁·李普曼（Andrew Lippman）领导的团队创立了美国科罗拉多州阿斯彭市的交互式虚拟之旅，为用户提供浏览街道、进入建筑物的虚拟场景。同年，科学家旦·桑丁（Dan Sandin）和理查德·塞尔（Richard Sayre）等人提出了具有特殊传感器，并可以感应手的动作，以及能与计算机界面进行交互的数据手套 Sayre Glove 的创意。Sayre Glove 能够利用检测器测量出因手部运动而产生的光纤变形，进而检测出手指的弯曲程度。

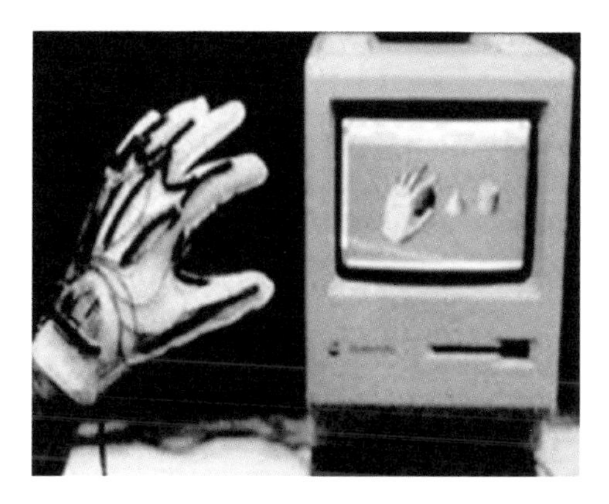

图 1-13 数据手套 Sayre Glove
（图片来自：https://new.qq.com/omn/20220207/20220207A09YE400.html）

1975 年，美国计算机艺术家迈伦·克鲁格（Myron Krueger）提出了“人工现实”（Artificial Reality，AR）这一概念，并展示了“并非存在的一种概念化环境”，将其命名为 Videoplace。这是一种全新的交互体验，当用户面对投影屏幕时，摄像机能抓取用户身影轮廓的图像，经过计算机计算后产生图形合成，而后在屏幕上投射出一个虚拟世界，这个画面将信息最终传递给用户。不仅如此，内置的传感器还可以采集用户的动作和行为数据，如用户坐在桌边并将手放在上面，旁边的摄像机会拍下用户手的轮廓，并传送给不同地点的另一个用户，由此实现两个不同的用户通过自然的手势进行信息交流。此外，用户也可通过手势与计算机系统交互，计算机系统通过识别与解释用户手势的含义，进行诸如打字、画图、菜单选择等操作行为。这是科学家探索的人类与机器交互的早期形式，也对日后追踪定位系统（Room-Scale）等 VR 技术的发展产生了深远的影响。

1982 年，汤姆·齐默尔曼（Tom Zimmerman）申请了一个光学弯曲传感器的专利，这个专利是一个可用于检测手指弯曲程度的手套制造。他的最初想法是创建一个音乐接口，实现不用实物吉他可以空中弹奏的“空气吉他”。年轻的齐默尔曼当时供职于位于加利福尼亚的 Atari 研究中心，而那时的电玩巨人 Atari 正逐渐走向分崩离析。受此影响，齐默尔曼离开了原来的公司，并创建了一家专门从事虚拟现实工具研发的公司 VPL。VPL 一词，可以是 Visual Programming Language（可视化编程语言）的缩写，也可以是 Virtual Programming Language（虚拟编程语言）的缩写，而这家公司直接以 VPL 作为公司名。齐默尔曼在 VPL 公司创建了最有名的数据手套，这是一个极具划时代属性的产品，通过该设备，用户可以与已有的虚拟空间进行交互。

在现代军事训练中，往往会面临百闻不如一见的技术困境，过去的战术推演、沙盘模拟、视频分析等都因距离感而使新兵的基本认识与实际有较大偏差。近年来，一些国家的虚拟实验室正利用基于 CAVE（Cave Automatic Virtual Environment，洞穴状自动虚拟系统）的虚拟现实技术创造完全沉浸式体验进行训练，这将会极大地协助大型精密武器的制造和单兵训练。CAVE 是一种基于投影的沉浸式虚拟现实显示系统，把高分辨率的立体投影技术、三维计算机图形技术和音响技术等有机地结合在一起，产生一个完全沉浸式的虚拟环境。其中最具代表性的是 VR-

Platform CAVE 虚拟现实显示系统。

CAVE 系统的构想最早可追溯到 1992 年，最初的开发动机实际上是为了将科学数据可视化。但在当时，处理大量的可视化数据并实时生成立体影像需要造价昂贵的系统，所以早期 CAVE 系统多是用于大型的研究所或学术机构之中。近年来，高性能个人计算机因在计算能力和图形处理能力上的增强，大幅度降低了 CAVE 系统的成本，为 CAVE 系统的发展与普及创造了条件。

图 1-14　CAVE 系统用于科学数据可视化

（图片来自：http://www.szzs360.com/news/2018/4/image/2018042138612629.jpg）

通常，CAVE 系统能够提供一个供多人同时参与的房间大小的四面（或六面）立方体投影显示空间。这些投影几乎覆盖了用户的所有视野，因此能够营造出一种前所未有的、带有震撼性的、身临其境的沉浸感受。在这个被立体投影画面包围的高级虚拟仿真环境中，所有体验者都能获得一种高分辨率三维立体视听影像和六自由度交互感受。这种沉浸式虚拟体验还被运用于军事领域，如美军自 2012 年起创造专属的虚拟现实环境用于模拟训练，包括战争场景变

图 1-15　参观者置身于 CAVE 系统中

（图片来自：http://www.360doc.com/content/19/0315/10/62729395_821625550.shtml）

化、特定战术的训练和军医培训等。

除了军用领域，CAVE 系统在艺术领域同样可为观众提供这种立体式的沉浸空间。20 世纪 80 年代，妮可·斯坦格（Nicole Stenger）还是麻省理工学院的一名科研人员。90 年代中后期，她加入了位于西雅图的人机界面技术实验室，并开始投身于 VR 行业。她首先尝试制作沉浸式 VR 电影，如影片《天使》(*Angels*)，便是让观众戴着头显并利用 VPL 数据手套控制器来探索天使控制的世界。此后，斯坦格一直专注于 VR 影片的制作。2007 年，斯坦格的电影《王朝》（*Dynasty*）让观众回到自己祖先的时空并与他们对话。在之后的采访中，斯坦格说道："现在已经出现了 VR 的第一个大趋势，我称之为超真实。它与我们所习惯的现实内容相同，但是放大版，是在某一方面进行了增强的。这样的增强能够带给我们更加丰富的情感，从而使得在相同的成分下情绪被推动到极点。"

同样致力于打破艺术与科学边界的迈克尔·奈马克（Michael Naimark）教授，萌生了建立一个可以让人身临

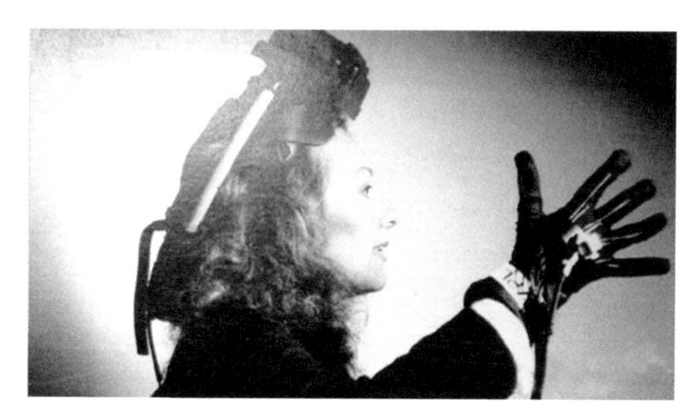

图 1-16 VR 先锋妮可·斯坦格

（图片来自：http://pic.87870.com/upload/images/87870/2016/1/21/f55c5fac-3e2b-4982-b541-6a2777edb568.jpg）

其境并与他人产生交互的"媒体室"的想法，并与团队创立了阿斯彭电影地图（Aspen Movie Map）。这是一个由超媒体（Hypermedia）和 VR 技术合成的系统。有人认为，阿斯彭电影地图其实就是早期版本的谷歌地图的雏形。

图 1-17 阿斯彭电影地图

（图片来自：https://new.qq.com/omn/20220207/20220207A09YE400.html）

梦想成真：虚拟也能"现实"

1984 年，杰伦·拉尼尔与汤姆·齐默尔曼联合创办了

VPL 公司。在那里，拉尼尔公开了一种技术假想：利用计算机图形系统和各种接口设备，为计算机上生成的可交互的三维环境提供沉浸感的技术。拉尼尔首次将这种技术命名为 VR，因此他被认为是“虚拟现实之父”。到了 20 世纪 90 年代，在市场的追捧下，虚拟现实技术迎来了第一次热潮。各大游戏公司将虚拟现实技术视为游戏界的变革契机，争先恐后地推出 VR 产品，其中引人瞩目的是世嘉公司（Sega）。

作为当时的游戏机王者，世嘉公司寻求在市场上开拓新领域是必然的需求。1991 年，世嘉公司开始在家用 VR 头显上进行虚拟现实研发，并先后为其量身打造了四款游戏：*Nuclear Rush*——一款未来世界太空飞船操控射击游戏，*Iron Hammer*——直升机模拟游戏，*Matrix Runner*——一款赛博朋克[①]风格的探险游戏，以及模仿小岛秀夫的《掠

图 1-18　VR 游戏 *Nuclear Rush* 界面

（图片来自：https://www.sohu.com/a/434382045_447547）

①“控制论、神经机械学”与“朋克”的结合词。

夺者》和 *Outlaw Racing*——赛车类游戏。尽管这款 VR 设备最后未能问世，但也是从那时起，更多人开始意识到虚拟现实技术的存在，并感知到虚拟现实设备将在不远的将来得以普及。

2012 年，一款为电子游戏设计的头戴式显示器 Oculus Rift 问世，虚拟现实的热潮再次袭来。Oculus Rift 是由 Oculus VR 开发和制造的令人印象深刻的虚拟现实设备。它有两个目镜，每个目镜的分辨率为 640×800，双眼的视觉合并之后拥有 1280×800 的分辨率，可以通过 DVI、HDMI、Micro USB 接口连接计算机或游戏机。具有陀螺仪控制的视角是这款产品的一大特色。这是一个成功的项目，从 10 000 个贡献者那里筹集了约 240 万美元。通过 Oculus Rift，人们发现虚拟现实所需要的技术已经取得了重大突破，不仅企业看到了新的发展机遇，大众对虚拟现实的兴趣也重新被燃起。

图 1-19　用户体验 Oculus Rift

（图片来自：https://baike.baidu.com/item/Oculus%20Rift/352914?fr=aladdin）

2014年，脸书公司（Facebook Inc，现更名为Meta）以20亿美元的价格收购了Oculus。尽管Oculus最初源自游戏产业，但是被收购后决心将头戴式显示器应用到更为广泛的领域，包括观光、电影、医药、建筑、空间探索以及军事训练。同时，为了发挥更广泛的应用价值，研究人员积极探索更多的应用场景和具体功能，比如用于建筑设计、教育和治疗自闭症患者、治疗恐惧症患者、创伤后应激障碍研究等领域。

同年，谷歌发布了VR体验版的新方案：CardBoard，使得人们可以以低廉的价格体验新一代的VR效果。CardBoard结构简单，售价便宜，用户可以使用自己的手机（带陀螺仪）作为显示器。基于这个思路，现在市面上很多手机嵌入了VR眼镜功能。

图1-20 CardBoard

（图片来自：https://developers.google.cn/vr/discover/cardboard）

2015年3月，HTC Vive在2015年世界移动大会上正式发布，它同时具有维尔福软件公司（Valve）和Steam VR（功能完整的360°房型空间虚拟现实体验）提供的技术支持，用户可以在 Steam 平台上直接体验搭载 Vive 功能的虚拟现实游戏。HTC Vive 从三个部分给予用户沉浸式体验：头戴显示器、两个单手持控制器、一个能于空间内同时追踪显示器与控制器的定位系统。值得称赞的是，HTC Vive 的头显采用了一块有机发光半导体（Organic Light-Emitting Diode，OLED）屏幕，大大地降低了画面的颗粒感，用户几乎感受不到纱门效应[①]。并且，控制定位系统也是 Valve 公司的专利，能够允许用户在一定范围内走动。2016 年 11 月，HTC Vive 头戴式设备荣登 2016 中国泛娱乐指数盛典“中国 VR 产品关注度榜 Top10”。

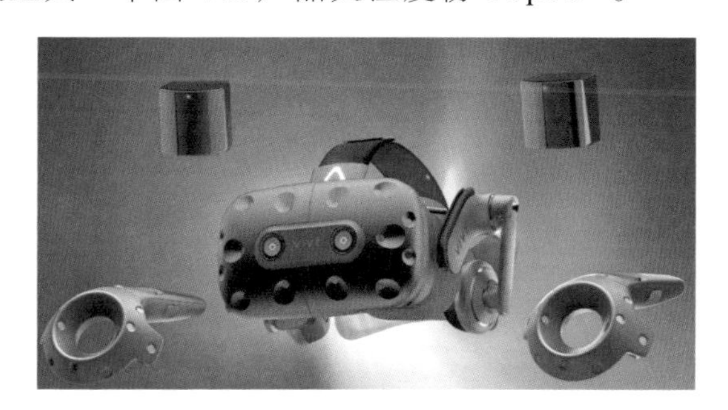

图 1-21　HTC Vive 头戴式设备

（图片来自：https://www.vive.com/cn/）

2016 年，资本大举进入虚拟现实和增强现实领域，被称为虚拟现实的爆发元年。虚拟现实的发展势头更加强劲，几乎所有人都在谈论虚拟现实技术。当前，围绕虚拟现实技术已有完整的产业链，许多公司开启了新的研发项目或更新了已有项目，并开始利用虚拟现实技术进行公司人员的管理与培训。国外有谷歌、三星、索尼、VisiSonics、苹

① 指像素不足的情况下实时渲染引发的细线条舞动、高对比度边缘出现分离式闪烁，人眼直接看到显示屏的像素点，就好比在纱门之后看东西。

果等巨头争相研发，国内HTC、华硕、华为、东方酷音等品牌也不甘示弱。但由于产品标准化等的限制，VR用户获取内容的渠道还不常见，对一些普通用户而言，虚拟现实技术仍是一个概念化的技术手段。然而，虚拟现实最令人着迷的一点在于它正在打开一个充满想象力的世界，一个充满无穷可能性的未来。

二　虚拟现实的技术揭秘

你可能在电影院中使用过VR眼镜观赏各类3D电影，也可能已经体验过立体头盔等沉浸式虚拟现实设备进行游戏、社交、购物、旅游等。不管哪一类应用场景，虚拟现实都旨在最大限度地模拟用户在真实世界中的感知，构建出另一个“真实的世界”。

到底是哪些技术创造了虚拟体验？技术的原理是什么？技术之间又是怎样组合和运行的？本章我们将从技术视角为你揭开虚拟现实的奥秘。

虚拟现实：品类不同 殊途同归

关于虚拟现实的技术或设备，你可能看到过类似图

2-1 的沉浸式虚拟现实体验场景。在沉浸式虚拟现实中，用户戴上显示头盔，手握手柄，或是使用其他辅助设备，进入另一虚构却极其逼真的空间，完全沉浸于虚拟的世界中进行探索。

图 2-1　沉浸式虚拟现实体验场景

（图片来自：https://www.sohu.com/a/195220214_408285；http://news.expoon.com/c/20170508/18025.html）

而对于图 2-2 这种类型的桌面式虚拟现实体验场景，用户只需要戴上特殊的眼镜，使用键盘、鼠标、辅助控制笔等配套工具，同样能获得逼真的画面，以及立体可旋转的自由操控体验。

图 2-2　桌面式虚拟现实体验场景

（图片来自：https://www.bilibili.com/video/BV1hv411Y7c2?from=search&seid=8462682052795980723 视频截图；https://tech.qq.com/a/20160608/026704.htm）

对于图 2-3 这类增强式虚拟现实体验场景，用户在看到真实世界的同时也能够看到虚拟信息，形成了一种现实叠加虚拟物体的场景。

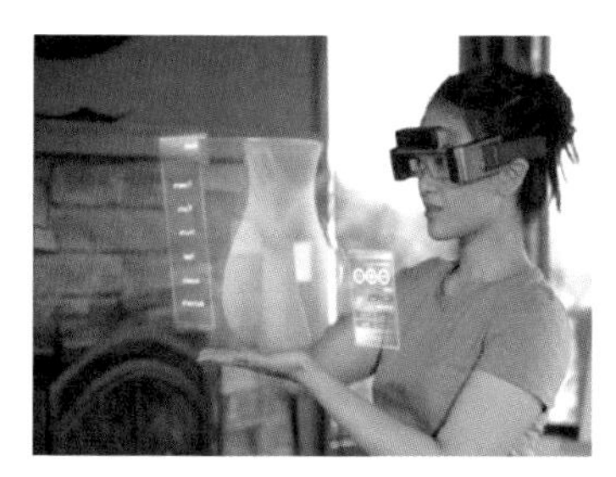

图 2-3　增强式虚拟现实体验场景

（图片均来自：http://blog.sina.com.cn/s/blog_156b558520102yx9k.html）

图 2-4 所示为分布式虚拟现实体验场景，这使得分布于不同地点的多个用户能在同一个虚拟空间进行军事训练、实训协操、社交、游戏等逼真的协作交互。

图 2-4　分布式虚拟现实体验场景

（图片来自：http://www.cannews.com.cn/2019/0702/197974.shtml）

不同虚拟现实系统对技术的需求不同，使用的技术类型也有所差异。在认识具体的虚拟现实内部核心技术之前，有必要先了解虚拟现实系统的分类，以便明晰虚拟现实各技术的应用方向和场景。

沉浸式虚拟现实

正如"沉浸"二字所体现的意思，沉浸式虚拟现实的最大特点就是完全投入。头盔式显示器是该系统最常见的设备。配合头盔式显示器，还有位置跟踪器、手柄等设备，它们形成的整个沉浸式虚拟现实系统为用户提供了一个在视听及其他感官上与现实完全隔离的新空间，让用户全身心投入这一新的空间中，图 2-5 呈现了用户获得沉浸式虚拟现实健身体验。除了高度沉浸感，沉浸式虚拟现实还具备高度实时性，其所使用的三维定位跟踪设备可以快速准确地检测出用户在该场景中的运动变化，并输出相应的场景变化，实现体验者个性化的沉浸感知。

图 2-5　沉浸式虚拟现实健身体验

（图片来自：http://news.expoon.com/c/20170508/18025.html）

桌面式虚拟现实

简单理解，桌面式虚拟现实就是通过计算机屏幕为用户呈现虚拟空间的窗口。用户使用力反馈鼠标、力反馈操作杆、数据手套等工具与虚拟窗口进行交互，从而驾驭虚拟世界。除了计算机屏幕本身，有时桌面式虚拟现实也会使用专业的立体投影显示系统，扩大屏幕的观赏或操控范围，如图 2-6 所示。相较于沉浸式虚拟现实，桌面式虚拟现实在场景的投入度或置身感上相对较弱，但成本也低很多。总结来说，桌面式虚拟现实具备小型、协作、实用等特点，是目前使用较为稳定的虚拟现实系统。

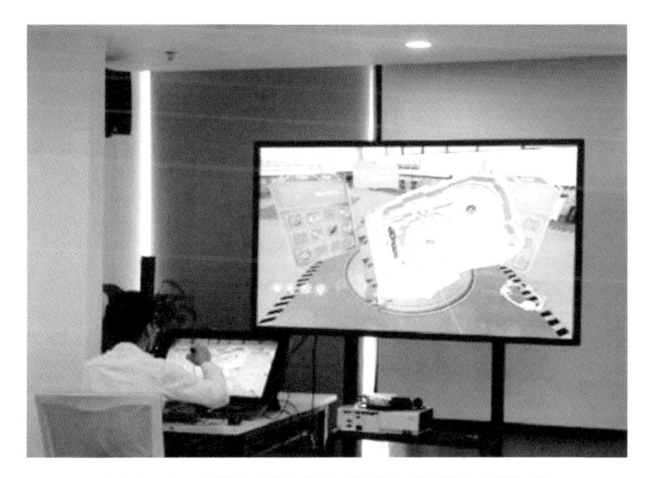

图 2-6　采用桌面式虚拟现实进行实训教学

（图片来自：https://www.gtafe.com/MobileCase/ActiveDetail/3059?from=singlemessage&isappinstalled=0）

增强式虚拟现实

与沉浸式虚拟现实和桌面式虚拟现实旨在将用户与真实世界隔离，完全投入在特定的虚拟空间中不同的是，增强式虚拟现实试图将用户所处的真实世界和用户需要的虚拟对象叠加起来，以增强用户在真实世界中对一些无法感知或不方便感知对象的感受。如图 2-7 所示，在购买家具时，用户使用基于台式图形显示器的特殊系统，通过将互联网上正在挑选的某件物品虚拟化于真实的家中，感受二

图 2-7　借助增强式虚拟现实挑选家具

（图片来自：https://www.chinachugui.com/news/chugui/news-473673.htm）

者的搭配度。由于增强式虚拟现实搭建起了真实世界与虚拟环境的融合桥梁，因此其应用潜力较大，在医疗解剖学研究、精密仪器制造和维修、远程机器人控制以及军用飞机导航等领域有着其他虚拟现实系统不可比拟的优势。

分布式虚拟现实

在分布式虚拟现实中，不同用户可以通过网络相连，在同一虚拟空间开展逼真的社交、游戏、实训等协作，图 2-8 显示多人协作对同一辆汽车进行配件组装。因此，分布式虚拟现实的最大特点在于能让处在不同地点的多个用户聚集在同一时空，进行逼真的交互和协作。除了让用户共享同一虚拟工作空间，分布式虚拟现实还能让不同用户在同一空间内操控同一对象，支持用户以多种方式进行实时交互，以及创造伪实体的行为真实感等。可以说，这一技术的诞生为网络异步交互带来了更多的便捷与趣味。

图 2-8 在分布式虚拟现实中多人协同组装汽车配件
（图片来自：https://baijiahao.baidu.com/s?id=1599783012330213613）

不同的虚拟现实系统为我们创造了不同情境下令人讶异或神奇的虚拟体验，这些体验的背后其实都离不开技术的支撑。不同的虚拟现实系统有共通的技术，也有各自特殊的技术。多种技术的组合和并行处理为我们带来了多样的虚拟现实。在了解了虚拟现实系统分类的基础上，接下来我们就将进一步探索这些虚拟现实系统较为常见且关键的技术。

从宏观来看，虚拟现实系统的技术体系包括多媒体技术、网络技术、仿真技术、人工智能技术、多传感技术等。从具体的应用过程划分，虚拟现实系统的技术体系可分为内容、输出、人机交互三个方面。其中较为关键的技术包括输出技术中的视觉技术、听觉技术、触觉和力的技术，内容技术中的环境建模技术以及人机交互技术本身等。视觉技术、听觉技术、触觉和力的技术能为我们输出多模态的感知信息；环境建模技术则为我们搭建起了一个“亦假似真”的虚拟现实场景；人机交互技术作为虚拟现实中“内容”和“输出”的智能桥梁，旨在实现人与虚拟现实环境的自由交互。本章后续部分将从上述虚拟现实系统的关键技术出发，对各技术的原理、相关设备等进行介绍，揭开“虚拟也能现实”的技术奥秘。

视觉技术：眼见如真未必实

我们对客观世界的感知约有80%来源于视觉，因此视觉技术在虚拟现实技术中占据着重要地位。我们的眼睛所看到的真实世界是三维立体的，要通过虚拟现实技术还原人感知的真实，首先要做的便是让技术模仿人眼的立体视觉，实现虚拟事物的立体化。那么虚拟现实技术是如何模仿人眼所看到的立体，进而实现“虚拟逼真”的效果的呢？

人眼的立体视觉

当我们手持一根细细的缝纫针，使用单眼试图去将手中的线穿过针孔时，会发现无论怎么“看”都穿不进眼前的针孔。这其实是因为单眼无法将眼前的针孔“完整”地看到，以致无法在大脑合成“完全立体”的针孔形状，自然也就对不准。这一现象背后的原理就是由人眼的“双目视差”带来的视觉立体感。

“双目视差”即由于人的左右眼间隔约5—8cm，因此在同一时刻观看同一物体时，人的左右眼会从不同的角度注视该物体，获得稍有差别的图像，如图2-9所示。

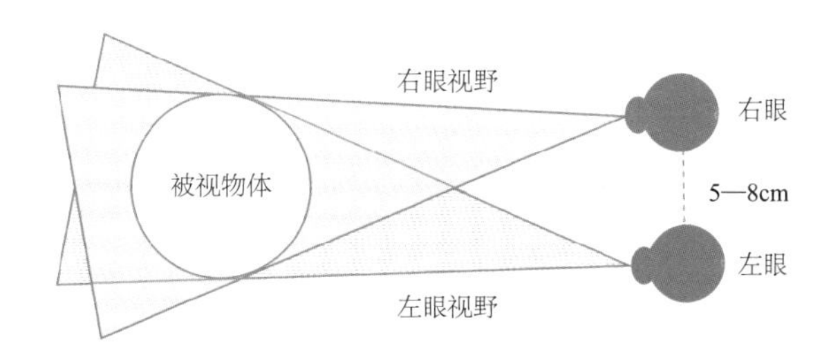

图 2-9 左右眼的“双目视差”图

进入左右眼神经的光线反映的是同一物体不同角度的画面，这些画面最后会通过大脑视觉中枢合成一幅具有立体深度感的图像，如图 2-10 所示。经过大脑中枢合成的图像不仅呈现出该物体的原样，且使该物体与周围物体间的距离、深度与凹凸感关系等都能辨别出来，从而形成一幅具有深度立体感的图像。

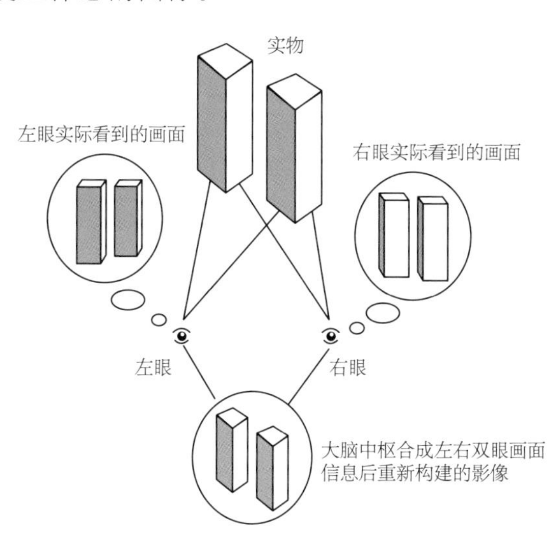

图 2-10 大脑中枢对“双目视差”图的合成示意图

（图片来自：https://www.sohu.com/a/138321034_114822）

虚拟现实的立体显示技术

二维成像可以从画面的透视规律、明暗虚实变化，包括光源的亮度、颜色、位置、数量等创造画面的立体效果，如图 2-11 所示。

图 2-11　二维平面的立体成像效果

（图片来自：https://www.163.com/dy/article/D6J17VIN0511FM84.html）

但二维成像在真实感的还原上还有些不尽如人意。虚拟现实的立体成像技术除了能满足画面透视规律和明暗虚实变化，最关键的在于实现了基于“双目视差”原理的左右眼图像还原，从而使画面在人的大脑中具备了更加真实的立体感。目前基于“双目视差”原理形成的虚拟现实立体显示技术主要有立体眼镜、立体头盔显示器和裸眼立体三类。

立体眼镜

谈到立体眼镜，不得不提及 2009 年上映的著名 3D 电影《阿凡达》（*Avatar*）。作为大多数人接触的第一部 3D 电影，当时《阿凡达》在立体成像技术上普遍采用的就是红绿或红蓝互补色立体眼镜，如图 2-12 所示。随着技术的发展，立体眼镜技术不断完善，出现了偏振光立体眼镜和时分式立体眼镜，为人们创造了更佳的 3D 成像效果体验。下

图 2-12　使用红绿眼镜观看 3D 电影《阿凡达》

文将对三种立体眼镜技术的原理、优缺点等进行简要介绍。

互补色立体眼镜即我们较为熟知的红绿或红蓝眼镜。以红绿眼镜为例，其立体成像原理如下：

在拍摄画面时，摄像机模仿人的左右眼从两个不同的角度拍摄画面；

在播放画面时，使用红色和绿色滤光片将同一画面的左右两个角度的影像投射到显示屏上，从而过滤出仅有红色和绿色的左右交叉影像；

在观看画面时，由于观众佩戴的红绿眼镜只能接收对应颜色的画面，即左（或右）边的红色镜片只能接收红色影像，右（或左）边的绿色镜片只能接收绿色影像，最后左右眼同时接收到各自应该看到的画面，并在大脑中合成一幅立体画面。

红绿眼镜简便易携，制作成本低。但因仅保留了红绿色而丢失了画面的整体色彩，使得色差较重，观看舒适度以及立体感相对较差。目前这一立体成像技术基本不再被影院使用。

偏振光立体眼镜是目前影院播放 3D 电影时供观看者使用最多的一种眼镜，如图 2-13 所示。与红绿眼镜不同，偏

图 2-13　偏振光立体眼镜

（图片来自：https://baike.so.com/gallery/list?ghid=first&pic_idx=1&eid=6883711&sid=7101202）

振光眼镜通过改变光的传播方向还原左右眼应看到的图像。其成像原理如下：

在拍摄画面时，模仿人的左右眼从两个不同的角度拍摄画面；

在播放画面时，在放映机前放置两个偏振轴为 90° 的横纵偏振片，透过两个偏振片在显示器上播放左右眼两个角度影像的交叉画面；

在观看画面时，观众佩戴由横纵偏振片构成的偏振光眼镜，眼镜的横纵镜片偏振轴为 90° 且与屏幕的偏振光方向保持一致。由于显示器上的横偏振光只能通过横偏振镜片进入左（右）眼，纵偏振光只能通过纵偏振镜片进入右（左）眼，从而将重叠的双影分开分别送入左右眼，以实现立体的成像效果。偏振光立体眼镜在不改变画面颜色的基础上实现了立体成像，让观看者可以欣赏到更高质量的彩色立体画面。

时分式立体眼镜又称液晶光阀眼镜，如图 2-14 所示。不同于互补色眼镜和偏振光眼镜“被动立体”的同时成像技术，时分式立体眼镜采用的是“主动立体”的分时成像技术。它的基本原理如下：

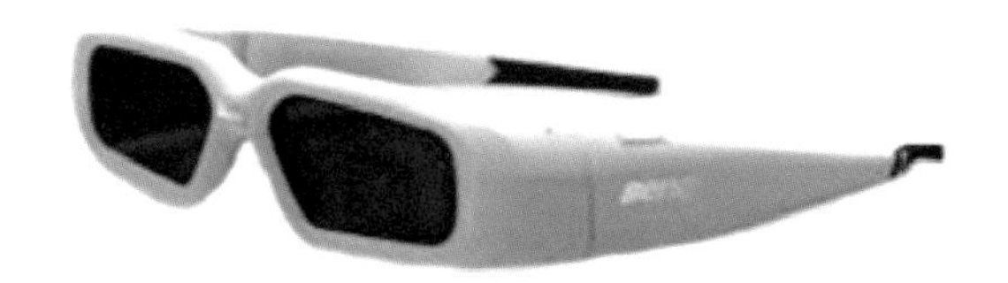

图 2-14 时分式立体眼镜

（图片来自：https://zixun.jia.com/article/385509.html#net_pl_con）

在拍摄画面时，依然模仿人的左右眼从两个不同的角度拍摄画面；

在播放画面时，显示屏依次分别显示左右眼两个角度的拍摄画面，需要强调的是，配合该眼镜使用的显示屏，其屏幕画面的切换率即帧频需达到 120 次 /s 及以上；

在观看画面时，观众佩戴的液晶光阀眼镜通过同步信号控制左右镜片的“开”和“关”，和显示屏正在呈现的左右眼图像保持一致。当显示屏呈现的是右眼图像时，右镜片“开”(透明光可穿透)，图像得以穿过，左镜片全黑，图像被遮住，右眼便只能看到右眼图像。同理，当显示屏呈现的是左眼图像时，也只有左眼能看到左眼图像。

由于人的眼睛具有视觉暂留的生理特征，无法察觉出 60 次 /s 以上的图像切换，因此虽左右眼看到的是显示屏上快速切换的左右眼画面，但大脑中却产生了左右眼画面同时成像的错觉，从而产生逼真的立体影像。

时分式立体眼镜的 3D 显示逼真效果优于前两种，但对显示器的要求较高，眼镜本身的技术成本也较高，在商业电影中应用较少。

立体头盔显示器

立体头盔显示器即我们常说的 VR 头盔，如图 2-15 所示。头盔前置的两个镜片是两块独立的液晶技术显示屏或阴极射线管显示屏，向两只眼睛单独提供图像。由于两个显示屏的图像由计算机分别驱动，呈现的是左右眼的视差图像，因此在大脑中还原为具有深度感的立体图像。

图 2-15　立体头盔显示器

（图片来自：https://www.sohu.com/a/156756877_478895）

立体头盔显示器的左右眼显示屏可以占据观看者的全部视野，将观看者与外界隔离，从而为观看者带来高度的沉浸感。此外，立体头盔显示器通常会配备位置跟踪器，位置跟踪器可以根据观看者位置的变化实时改变头盔显示器的图像，使观看者通过自由移动位置便可切换眼前的虚拟场景，实现“随身心所动”。

立体头盔显示器虽极大满足了视觉呈现的立体化和沉浸感，但设备较为沉重，佩戴不便，且价格昂贵，适合单人使用。

裸眼立体

顾名思义，裸眼立体指不借助眼镜、头盔等设备，观众直接观看显示屏便可获得立体成像效果的成像技术。目前，裸眼立体显示技术主要包括光栅式自由立体显示技术、体显示技术以及全息显示技术等。

光栅式自由立体显示技术，形象地理解，就是把佩戴于人眼的立体眼镜“戴”在了显示器上。具体而言，显示器上呈现的依然是左右眼角度拍摄到的交叉图像，这些图像按照一定的规律排列在显示器上。但在此基础上，显示器多了一个重要的成像辅助——光栅。光栅具有分光作用，能够将显示器上的左右眼交叉图像从不同方向分离传播。观看画面时，观众只要位于显示屏前适当的位置，便可让“左右眼分离图像”分别进入左右眼，由此产生立体视觉。如图 2-16 所示，光栅式立体显示设备有前置式狭缝光栅（图 a）、后置式狭缝光栅（图 b）、柱透镜光栅（图 c）三类。

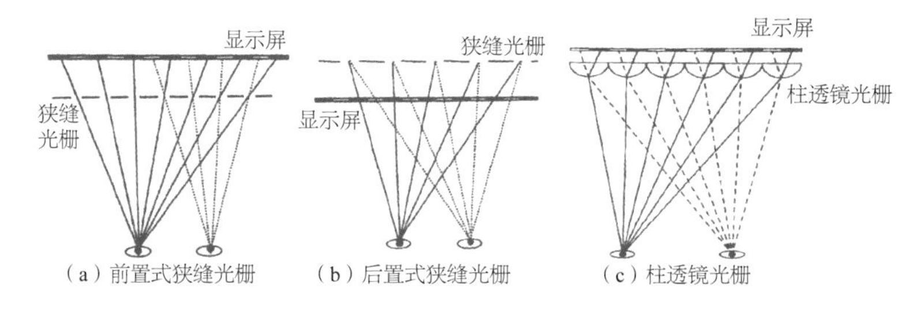

图 2-16　光栅式立体显示设备

（图片来自：http://www.mianfeiwendang.com/doc/9d50344524f07a21383dedb9/2）

在光栅式立体显示技术中，前、后置光栅在一定程度上会遮挡光线，由此损失了立体成像的亮度，而柱透镜光栅基本对图像亮度无影响。但三种光栅技术都会在一定程度上降低立体图像的分辨率。此外，观众需处在显示屏前合适的位置观看才能获得良好的立体图像效果。

体显示技术是近年来兴起的立体显示技术，其一大特点在于能够构建出图像的“物理景深感”，使三维成像效果显得更为真实。以体显示技术中的体扫描旋转技术为例，如图 2-17 所示，轴中心的椭圆状物体是旋转屏幕，由非常薄的透明塑料片制成。底部则是一个高分辨率投影仪。投影仪将三维物体各角度的“图像切面”同时投影到旋转屏幕上，这些图像在其他光学投影器件和平面镜的作用下高速旋转。由于人眼视觉的暂留特征，处于高速旋转状态的“图像切面”在人眼中组成的便是连成一幅具备真实立体感的三维图像，人们仿佛看到一个飘浮在空中的三维物体。

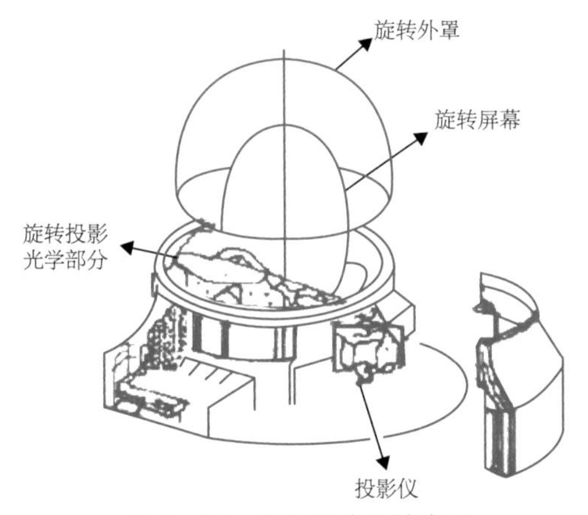

图 2-17　体扫描旋转技术图

除了体显示技术，全息技术也是近年来兴起的能够很好展现三维成像效果的立体显示技术，图 2-18 所示的是一款专为 3D 创作者设计的桌面全息显示器 Looking Glass。全息技术包括全息摄影和投影技术。关于全息摄影，传统的摄影技术只能在感光底片上记录物体反射光的颜色和亮度，而全息摄影技术能在颜色和亮度的基础上再记录相位信息，三者组成的完整光波信息被记载于感光底片。全息

图 2-18　桌面全息显示器 Looking Glass
（图片来自：https://www.taihuoniao.com/topic/view/179183）

投影是指利用光的衍射原理对感光底片进行激光照射，使得感光底片上光波的完整信息得以再现，人眼所看到的感光底片上的图像便与物体被拍摄时的真实状态相符。近年来，计算机技术和高分辨率电荷耦合成像器件技术在全息技术中得到迅速发展，光学衍射技术被计算机模拟技术取代，帮助全息技术实现了图像记录、存储、处理和再现的数字化。

听觉技术：耳听八方 沉浸其中

听觉是除了视觉以外人的第二感官通道，人类约有15%的信息通过听觉获得，因此听觉的仿真技术对实现虚拟现实的逼真效果也发挥着重要作用。

人耳的听觉定位

当你走在路上突然听到后方不远处有人大声呼叫你的

名字，你能够立马朝向相应的方位扭头，去寻找发出这个声音的人的位置。当你身处音乐会现场闭上眼睛沉浸其中，仅根据钢琴声、小提琴声，你也能够大致辨别出钢琴手或小提琴手的位置。正是我们双耳“分居大脑左右”的天然生理构造，帮助我们实现对自然界立体声的定位，即声源定位。这一原理也被称为“双耳效应”。

“双耳效应”指人的两只耳朵间隔约17cm，以两只耳朵连线所在的水平面为参照，如果声音不是从正前方传来，而是偏向某一个方向，形成一定的偏夹角，如图2-19所示，那么左右耳接收到的该声音的时间、强度等就会有差异。

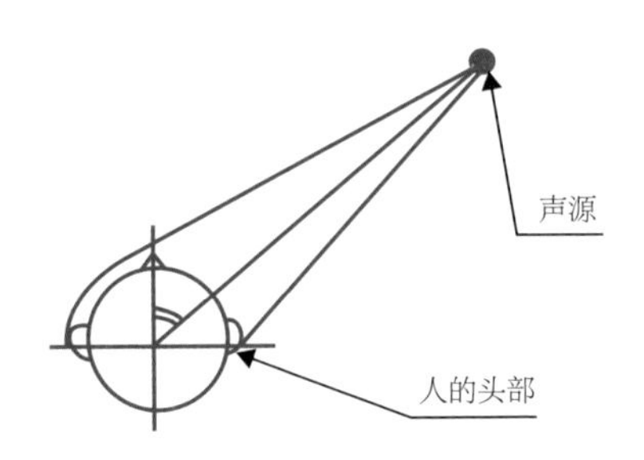

图2-19 “双耳效应”示意图

其中，时间差是指如果声源靠右，声音就会先一步到达右耳，反之则先达到左耳。强度差则由两耳的距离和头颅的遮挡作用造成。我们的头颅对声音的传播有遮挡作用，如果声源靠右，那么到达右耳的声音就会比左耳强，反之则到达左耳的声音比右耳强，形成左右耳声音的强度差。总体而言，时间差和强度差可以很好地帮助我们的听觉系统辨别出声源所在方位。

虚拟现实的听觉定位技术

普通的听觉技术可以帮助人耳还原声音的立体感和空间感，让我们产生被声音“包围”的感觉，但无法还原人耳对声源定位的功能。而虚拟现实技术正是通过对声源的定位，创造了声音的方向感，以帮助人们更好地实现身临其境的沉浸感。

根据“双耳效应”原理，创造声音到达左右耳的时间差和强度差是虚拟现实听觉技术实现声源定位的关键。目前这一技术主要通过“全向三维定位”和“三维实时跟踪”实现。

全向三维定位

全向三维定位指把虚拟场景中的声音信号定位到特定声源的能力。在现实生活中，我们常常先听到物体声音，通过声音判断物体粗略的位置，再用肉眼去搜索物体的准确位置。在虚拟场景尤其是视觉受遮挡的虚拟场景中，全向三维定位的这一特性可以很好地帮助我们通过听觉定位的功能来搜索目标位置，进而准确识别声源位置。

三维实时跟踪

除了实现声源定位，虚拟现实的声音技术还可对声源与人相对位置的变化进行实时跟踪，这便是三维实时跟踪特性。具体而言，当虚拟声源的位置不变而人的头部或身体发生位置移动时，则需要对人的位置进行实时跟踪，确保双耳和虚拟声源的相对位置正确，反馈给用户符合真实情景的声音体验。同理，当人的头部位置不变，而虚拟声源的位置发生变化时，则需要对声源的位置进行实时跟踪，准确判别声源与双耳的相对位置，给出符合真实情景的声音反馈。

以在虚拟场景中观看电视为例，如果观看者处在离虚拟声源即电视机较远的地方，听到的声音也将较弱。如果观看者走近电视机，在虚拟场景中听到的声音就应越来越大。此外，如果观看者向右转动头部或者靠近电视机的右侧，应能够感到电视机处于自己的左侧，这便是虚拟声音的全向三维定位和三维实时跟踪两大特性。

头部相关传递函数

在虚拟场景中构建完整的三维声音定位系统是一个极其复杂的过程。在听觉定位过程中，声波将经历由头部、躯干及外耳对其产生的散射和吸收作用后到达鼓膜。实现虚拟声源的定位需要建立由人的头部、躯干、外耳构成的复杂外形与最终达到鼓膜的声波之间的传递函数，通常称之为“头部相关传递函数”（Head Related Transfer Function，HRTF）。HRTF受个体头部、耳朵外形等差异的影响，参数值会因人而异。因此通常取群体参数的平均值，以得到普遍情况下的声波传递函数。

三维虚拟声音设备

三维虚拟声音的感知设备主要包括耳机和扬声器两种。耳机通常包括护耳式和插入式耳机两种。

虚拟现实的声音设备通常会和立体头盔结合使用。普通的立体声耳机在播放音乐时可以帮助听者实现被声音包围的沉浸感，但难以实现声源的定位。而用于虚拟现实场景的耳机要求具有跟踪听者头部并进行声音过滤的功能。这种耳机以听者的头部为参照系，当虚拟场景中的声音来自某个特定的地点时，耳机便可实时跟踪头部的位置播放出不同的声音。

扬声器又称喇叭，相较于耳机而言，它具有位置固定的特点。通过在不同的位置摆放扬声器，使其位置固定并播放声音，便可以帮助我们实现对声源的定位，且这种定位能明显体现声源位置的固定性。

但扬声器难以控制双耳发生移动时收到的声音信号的差异，因此在实现声音立体化和空间化上比耳机困难得多。如果听者的身体离开扬声器的合适的声音感知区域，扬声器无法跟踪人的头部信息进行声音调节，其创设情境的临场感就会很快被削弱。目前还尚未有扬声器系统能够做到根据跟踪听者的头部位置反馈来调节扬声器的声音输出。

总的来说，耳机相对于扬声器具有更好的声音控制能力，在虚拟现实领域的应用也更为普遍。但耳机仅适合单人使用，且设备的佩戴尤其是护耳式耳机在一定程度上增加了听者的负担。扬声器相较于耳机发出的声音更大，对声源固定位置的感知更适合多人同时感受。但扬声器难以实现声音的空间定位，不便于听者位置移动时对声音的控制。

触觉互动技术：可见可感 身临其境

触觉和力：看得见亦摸得着

在虚拟现实环境中，我们除了期待能看到逼真的场景、听到逼真的声音，通常也会期待去亲手触摸物体，感受其质地、纹理和干湿等，以获得多模态的感知信息。人类获取信息能力的研究表明，触觉是除了视觉和听觉以外人体最重要的感觉。

人的大部分触觉来自手和手臂，以及腿和脚，其中感受密度最高的部位是指尖，因此触觉反馈技术主要以手指为核心进行设计。目前虚拟现实领域较为热门的触觉反馈设备主要有：手指型触觉反馈设备（以 Manus Prime Haptic 数据手套为代表）、手臂型触觉反馈设备（以 Unlimited Hand 虚拟现实臂带控制器为例）、全身型触觉反馈设备（以 Teslasuit 虚拟现实全身触控体验套件为例）。如图 2-20 至图 2-22 所示，这些触觉反馈设备可向皮肤传

图 2-20　Manus Prime Haptic 数据手套

（图片来自：https://e.51sole.com/chanpin/221286143.htm）

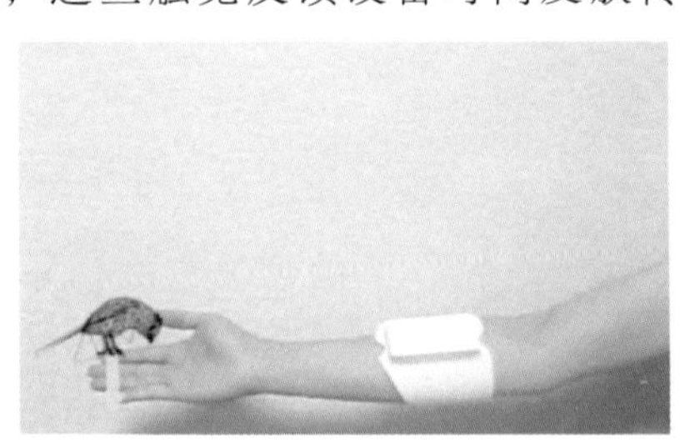

图 2-21　Unlimited Hand 虚拟现实臂带控制器

（图片来自：http://wap.yesky.com/wap/wearable/40/98340040.shtml）

图 2-22 Teslasuit 虚拟现实全身触控体验套件
（图片来自：https://v.qq.com/x/page/i0630c15041.html 视频截图）

递压力、振动、物体粗糙度等信息。

目前，上述几种触觉反馈设备使用的反馈技术包括视觉式、充气式、振动式、电刺激式以及神经肌肉刺激式五类。其中，充气式触觉反馈技术和振动式触觉反馈技术是目前较为常见且安全的触觉反馈技术。

充气式触觉反馈

充气式触觉反馈依靠微小的气泡对人的皮肤产生压力。以数据手套为例，手套中的气泡分布于手背、手掌、指侧、指尖等。通常，食指指尖、中指指尖和大拇指指尖三个手指灵敏的部位会配置更多的气泡。这些气泡与可通气的细管相连，细管连接至压缩泵进行充气和排气。充气时，压缩泵加压，通过细管使气泡膨胀，从而压迫皮肤使其产生触觉。

充气式触觉反馈设备的首要优势是安全，但也存在一定的局限性。首先每根手指配备的气囊数量有限，每根手指通常只能配备 3—4 个气囊，无法提供精确的反馈效果。其次，充气和排气的触觉反馈过程需要一段时间（即响应时间)，导致反馈不及时。

振动式触觉反馈

振动式触觉反馈原理在于使用振动激励器刺激皮肤。同样以数据手套为例，它通过改变指尖振动的频率和幅度，可产生物体表面纹理感、光滑度、碰撞或刺痛等常见的触感。比较典型的振动方式包括探针阵列式和记忆合金式。

探针阵列式反馈设备中密集的探针处于同一水平高度，探针底端与位移传感器相连。在没有物体接触的情况下，探针阵列保持原始位置。当检测到物体接触时，探针下的位移传感器会传出信号，通过扫描检测获得探针各个点的接触变化，并据此设置探针的振动幅度。

形状记忆合金则利用了合金能够“记住自己形状”的特性：形状记忆合金在高温环境中具备一个初始形状，冷却的记忆合金经过高温加热后便可回到这一稳定的初始形状。利用记忆合金的这一特性，当数据手套反馈用户与虚拟现实中的物体接触时，电流接通，形状记忆合金被加热，随后产生收缩，并在这一过程中带动触头扬起。触头接触手指的皮肤，使人产生触觉。而当用户远离虚拟现实中的物体时，电流中断，记忆合金冷却，再次产生形变，使得触头恢复原状，触觉消失。

力反馈则指对人的肌腱感受器传递运动和受力信息，包括位置、速度、压力、惯性等。图 2-23、图 2-24 所示为几种力反馈设备，力反馈技术能够模拟真实情景中的某一介质向人体施加反作用力。

具体而言，力反馈设备能够跟踪操控者身体的运动，根据碰撞检测等将虚拟空间中的力，通过鼠标、手臂、手套等力反馈设备的运动施加给人，从而对人的手、腕、臂等运动产生阻力。目前常见的力反馈设备包括力反馈鼠标、力反馈手臂、力反馈数据手套等。

力反馈鼠标

力反馈鼠标的外形很像普通鼠标，操作方式也类似，且多使用 USB 接口连接。不同之处在于力反馈鼠标的底座和鼠标本身通常是一体化设计的，底座中密封着鼠标的机械转动部分，不便被分开。此外，力反馈鼠标的光标代替了人的手指，光标接触到的地方类似于手指在操控，可以传递出真实物体在遇到弹性、摩擦和振动时的力反馈。譬如在某款支持力反馈的游戏中，使用该鼠标可以传递出“开火”时强大的“后坐力”、“爆炸”时四处乱窜之感以及其他对抗碰撞效果。当然，力反馈鼠标的操作自由度和功能范围还比较有限，目前也主要用于游戏领域。

力反馈手臂

力反馈手臂如图 2-23 所示，简单来说，力反馈手臂就是用“另外一只手”给予用户手臂真实的作用力。力反馈手臂可以仿真物体的重量、惯性以及碰撞接触等。图 2-23 所示为 Geomagic Phantom Premium 3.0 反馈手臂，它具有六个自由度的控制能力，可以实现高精度的交互。

力反馈数据手套

力反馈数据手套如图 2-24 所示，相较于力反馈鼠标和力反馈手臂，它可以独立控制各手指上的作用力，适用于灵活性要求较高的虚拟体验。图 2-24 所示分别为三种力反馈数据手套：（a）Rutgers Master Ⅱ，通过微型气缸加压，使用户在手指上感到力量的作用；（b）LRP 力反馈数据手套，采用直流电击对手指各关节提供力反馈；（c）CyberGrasp，使用钢丝绳传递力，设备相对沉重。

图 2-23　Geomagic Phantom Premium 3.0 六自由度力反馈系统手臂

（图片来自：https://zhuanlan.zhihu.com/p/157982552）

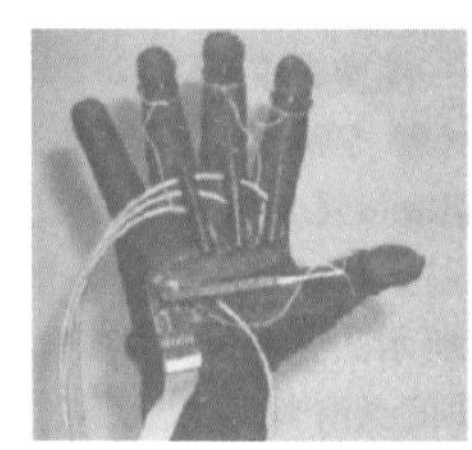

（a）Rutgers Master Ⅱ

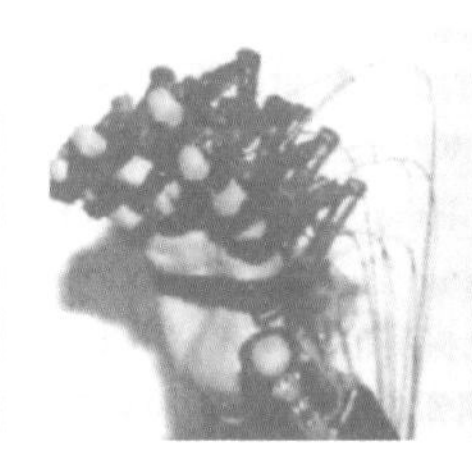

（b）LRP力反馈数据手套

（c）CyberGrasp

图 2-24　力反馈数据手套

（图片来自：http://www.xc-digital.com/product/337.html）

嗅觉和味觉技术：发展中的感知技术

相较于视觉、听觉、触觉和力等相对成熟的技术研究和产品开发，人们对嗅觉和味觉的虚拟现实技术原理研究较少，相关的产品开发也较少。嗅觉和味觉的虚拟现实技术实现还有很大的探索空间。

在全球范围内，数字味觉技术可谓一项综合型的创新前沿技术。目前国内研究人员已综合应用人工智能、生物科技、有机化学、微电子等技术搭建了气味“基因图谱”。研究人员对几十万个气味样本进行提取，最终形成了1000多种人类常见气味。在已经问世的数字气味体验室中，这些被提取出的基础气味元素被分装于独立的装置中，形成了集数字编码、传输、解码、释放于一体的智能化集成设备。这种数字化气味技术非常适用于影院、游戏、教育、电子商务等产业。目前“气味王国”[①]已经与国内虚拟现实设备制造、影院、游戏行业等展开了合作，数字化气味技术的应用前景和市场价值都非常值得期待。

通常情况下，人类味觉体验的产生依靠化学刺激来实现。但在虚拟现实场景中，使用化学刺激的方式无论在化学试剂安全性还是保存方式上都不切实际。为解决这一问题，新加坡国立大学某实验室的研究人员研发出了用电流和温度来替代化学物品模仿人类味觉产生的电子设备。该电子设备由能够产生不同电流的低压电极与能够产生不同电流和热力的温度控制器构成。实际使用时，用低压电极夹着操控者的舌头，温度控制器则压在操控者的舌头上，以诱发不同的味觉。相关的实验测试表明，酸味和咸味最容易被诱发，甜味和苦味次之。

诱发各种味觉的电流及温度的相关参数如下。

酸味：60—180μA 的电流，温度从 20℃上升至 30℃

① 一家数字气味技术研发企业。

咸味：20—50μA 的低频率电流

苦味：60—140μA 的反向电流

甜味：反向电流，温度先上升到 35℃，再缓慢降至 20℃

薄荷味：温度从 22℃下降至 19℃

辣味：温度从 33℃加热至 38℃

环境建模技术：可静可动 亦假似真

环境建模亦指场景建模。如果说视觉、听觉、触觉和力等技术是从输出的角度让用户感受虚拟场景的真实，那环境建模技术便是从虚拟现实的内容本身为用户预设一个从外形到质感、从静态到动态的逼真场景。

设想你此时来到了一个虚拟的客厅，这个客厅便是你所处的虚拟环境。这个虚拟的客厅要给你带来逼真的感觉，应该满足哪些条件呢？

以客厅里某张虚拟的皮椅为例。首先，这张皮椅应满足几何外观的逼真，即满足静态的逼真。其次，当你用手推动或按压这张皮椅时，它的表面应发生一定程度的凹凸形变，让你的触觉也感觉逼真。最后，假若你将皮椅推到一侧，皮椅应发生一定的位移或旋转，且皮椅在运动的过程中与你的相对位置发生了改变，你所看到的皮椅的外观等也应随之变化，以满足动态的逼真。

以此类推，如果虚拟客厅即你所处的虚拟环境中的每个物体都能呈现它应有的几何外观，且具备一定的质感形变等物理特性和一定的运动与交互性能，你就会感觉你所处的环境好似是假的，但也像极真的。

上述逼真效果的实现便是虚拟环境建模技术在发挥作用，可以说环境建模技术决定了虚拟环境的逼真程度。通常而言，虚拟环境的建模技术包括几何建模、物理建模和运动建模。

几何建模：呈现逼真的形状与外观

几何建模着力于还原物体静态的外观，是一种用计算机表示、控制、分析和处理几何实体的技术。几何建模技术用一定的数学语言对物体的几何信息进行表示和处理，包括形状信息和外观信息。其中形状建模主要确定物体的外形、顶点等信息，外观建模则确定物体的纹理、颜色、光照系数等信息。

形状建模

形状建模主要有人工建模和扫描自动建模。其中人工建模可通过图形库（如 The Programmer's Hierarchical Interactive Graphics System，PHIGS）自行编程创建形状模型，也可以使用某些既定的建模软件（如 AutoCAD、3ds. MAX、Maya）创建形状模型。而扫描自动建模则是使用三维扫描仪扫描真实物体，将真实物体的色彩和形状通过扫描传入计算机，转换为计算机能识别和处理的数据储存起来，以快速便捷地进行形状建模。目前，虚拟现实系统很少使用基础的人工编程方法费时费力地创建形状模型，而较多使用图形建模软件或成熟的扫描设备，以高效且真实地创建物体的形状模型，如图 2-25 三维扫描过程示意图所示。

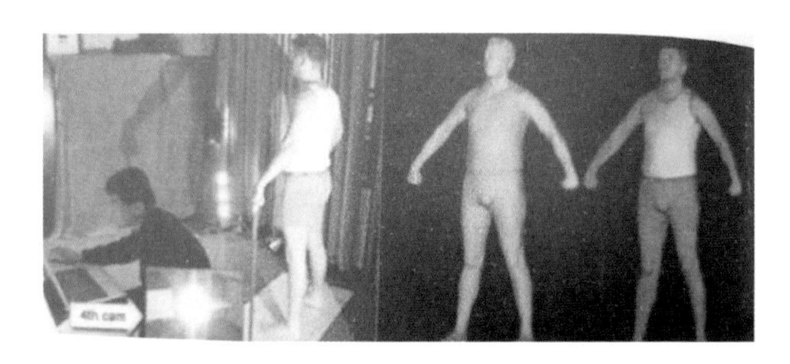

图 2-25　三维扫描过程示意图

外观建模

外观建模主要通过纹理映射和光照来呈现物体的外表。纹理映射即把纹理投射到物体表面，包括颜色纹理和凹凸纹理。设想我们要绘制一面虚拟砖墙，如果能将真实的砖墙的纹理照片“映射”到矩形阵上，逼真的砖墙便可形成，如图 2-26 所示。

图 2-26　砖墙纹理映射示例图

（图片来自：https://www.photophoto.cn/tupian/shitoushiliang.html）

虚拟现实的外观建模技术主要通过摄像机拍下真实的物体照片并扫描储存到计算机中，再投射到对应的物体上，便可给物体穿上真实的“外衣”。除此之外，也可以用图像绘制软件建立纹理图。光照则是根据光的吸收、反射和折射与人视觉系统的关系来建立明暗效应模型，这一模型决定着我们能否在虚拟场景中看到某物体以及该物体的明暗度。

物理建模：构建逼真的质感与动态

物理建模属于虚拟现实中较高水平的建模技术。如果说几何建模技术实现了物体形状外观看上去的静态逼真，那么，物理建模技术则可以进一步实现物体的重力、惯性、硬度、形变等物理属性和某些自运动状态的逼真。譬如，当我们在虚拟场景中手握一个球，我们应能够感受到这个球的重量、软硬程度，以及当我们用手按压时，球能产生一定的形变，甚至我们松开手让球自由坠落时，它能遵循自由落体规律，且与地面接触时还能回弹。上述内容便是物理建模技术需要实现的逼真效果。

总之，物理建模需要我们把握虚拟场景中各个对象的物理规律，并结合计算机图形学等技术去反映物理规律，其中主要包括以下几个方面问题的解决。

建立数学模型

建立数学模型通常指以方程的形式来反映虚拟对象的视觉属性如大小、形状、颜色等与物理属性质量、硬度、作用力等的关系。数学模型的建立是基础，更重要的是将物理属性接入视觉属性所在的几何数据库，这是更具难度和挑战的一步。

创建物理效果

创建物理效果大体可分为两步：确定物理过程和实现软件仿真算法。确定物理过程指将时间、长度、质量和力等物理过程抽象处理，与图形学中的基本元素如帧、绝对坐标、节点和面相结合，搭建出一个用物理量表示的三维场景。而软件仿真算法，简言之就是描述上述物理过程并使用计算机语言实现这一过程。

实时碰撞检测

实时碰撞检测是对虚拟环境中人与“墙壁”“桌子”等无法穿透的物体发生碰撞时的信号的检测与反馈，具体包括“检测碰撞是否发生”“确定碰撞发生的位置”以及“给出碰撞发生后的反应”三步。目前这一技术常用的方法包括层次包围盒和空间分解法。碰撞检测技术避免了虚拟场景中“人穿墙而过”等与现实不符的场景。这一技术对实时性和精确性的要求较高，技术难度也相对较大。

此外，物理建模常用的方法主要包括分形技术和粒子系统。分形技术适用于不规则外形物体的静态远景建模，如山川、水流、树枝等具备复杂外形的物体。分形技术利用这些物体外形上的“自相似特征”（物体任意小的局部与整体相似）展开建模，构建出相对真实的山川、水流等静态景观。粒子系统则适用于物体动态景观建模。各粒子是构成粒子系统的简单元素，动力学和随机过程的计算赋予了每个粒子位置、速度、颜色和生命期等属性。最后大量的粒子形成粒子系统，便可用于描述火焰、水流、雨雪、旋风等动态的物体景观。

运动建模：产生逼真的运动与交互

几何建模和物理建模已经帮助我们实现了虚拟物体在外观、质感以及某些运动状态下“看起来真实，动起来也真实”的逼真效果，而运动建模则更加凸显了虚拟物体与人进行运动交互时具备的“自然而然”的动态逼真效果。这种“自然而然”的动态逼真主要体现为人与虚拟物体的相对位置发生变化时，虚拟物体应发生的平移、旋转和缩放等变化。

假设此时的你正在虚拟场景中坐着一艘小船游览身边的山川、树木和江河等景色，这些景色的视图就与小船的运动模型密切相关。要生成以小船为参考系的景色画面，计算机技术就应对周围的景色进行合适的移动、旋转和缩放，以帮助我们在运动状态看到周围景物“自然而然”的变化。

运动建模技术旨在实现虚拟物体在运动状态下与人交互真实自然的“行为”和“反应”，也可称为行为建模技术。运动建模技术主要从以下几个方面入手，实现效果的逼真。

对象位置的确定

物体对象的位置是虚拟现实运动建模首要关注的内容。通过建立各种三维坐标系反映三维场景中各对象的相互空间位置，并使用 4×4 的齐次变换矩阵描述虚拟物体的运动效果。

对象层次的辨别

对象层次决定了一组对象在运动时部分与整体的变化关系。倘若没有层次辨别，往往就只能实现整体运动，而不能有个体运动的情况。譬如，虚拟的手掌只能整体移动，而不能实现手指单独弯曲。为了实现某组物体既能整体运动又能分别运动，就必须对该物体进行分层控制，常用的分层方法包括层次建模和属主建模。

人体运动结构的分析

人体是虚拟现实中最为复杂的运动建模对象。人体的骨骼是构成各种运动姿势的基础，当我们对虚拟现实中某个人体进行运动效果的刻画时，需要准确把握各个骨骼关节的变化状态，以连贯且有周期性地刻画人体的运动变化。

人机交互技术：个性识别 因需而变

人机交互即机器或系统与人的交互，其最终目的是让机器或系统明白人的想法并给出恰当的反馈。随着人机交互技术的发展，人机交互可以不再使用键盘、鼠标、菜单等，而是通过头盔、手套甚至是无媒介的自然交互，让计算机“自然而然”地与人的感官沟通，明白人在想什么。

人机交互的发展大致经历了四个阶段，以键盘为代表的字符命令式互动、以鼠标为代表的点击互动、以智能手机为代表的多点触控互动和以虚拟现实技术为代表的多模态体感交互。总体而言，人机交互技术的发展正从“人适应机器”逐渐转向“机器适应人”。以虚拟现实技术为代表的多模态人机互动逐渐抛弃呆板的操控媒介，走向更加智能和人性化，努力实现人与机器的自然交互，让机器也能读懂人的心。

“机器读懂人的心”是一种自然状态下的多模态交互。在现实生活中，我们可以同时说、看并指着某物体以表达自己的想法或情绪，也可以根据一个人的话语、面部表情和手势去判断对方的行为、情绪或想法。以虚拟现实技术为代表的人机交互正是这种多模态的自然交互。可以说这种多模态的人机交互技术为虚拟现实的输出技术和内容技术搭建了“智能的桥梁”。目前这种多模态的自然交互技术还有待完善，此处主要介绍常见的手势识别、面部表情识别、眼动跟踪以及语音识别与合成。

手势识别

对现实世界中人与人的交互而言，手势是一种较为直观和便捷的交互方式。在虚拟现实的人机交互中，手势识别技术将人的手势作为系统的输入指令，通过跟踪检测手势的变化获取指令，让计算机中的虚拟画面产生“前进、后退、拾取、释放”等行为反应。手势识别技术的应用常见于桌面式虚拟现实，也有基于桌面式虚拟现实的实时手部追踪，融合沉浸式虚拟现实进行手势交互。目前这一交互技术主要包括基于数据手套的识别技术和基于视觉识别的手势识别技术，如图 2-27、图 2-28 所示。

基于数据手套的手势识别技术是目前虚拟现实技术中使用较为广泛的手势识别技术。严格来说，基于手套的手势识别不算自然的人机交互，因为手套的性质类似于传统的键盘、鼠标等信息传递媒介。但基于手套的手势识别在

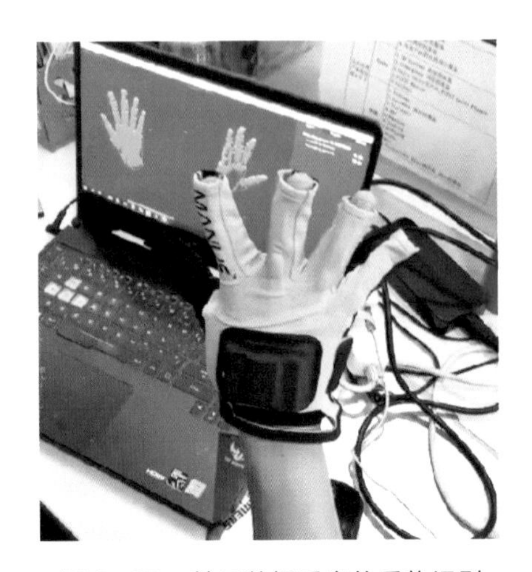

图 2-27　基于数据手套的手势识别

（图片来自：https://www.bilibili.com/video/BV1r54y1Y7cJ/?spm_id_from=autoNext 视频截图）

图 2-28　基于视觉识别的手势识别

（图片来自：https://www.bilibili.com/video/BV1Ha411F7ou 视频截图）

灵活度、精确度上具备很大的优势，它可以高速地检测出手的位置、方向和手指弯曲度。如图 2-29 所示，在一款基于桌面式虚拟现实的游戏中，计算机识别出食指弯曲，便扣动了游戏中手枪的扳机，发射出子弹。

基于视觉的手势识别也可称为基于图像的手势识别。这一识别技术不需要在手上佩戴设备，仅通过计算机的视觉便可检测识别出人在自然状态下的手势。实现这一技术

图 2-29 虚拟游戏中基于数据手套的手势识别体验
（图片来自：https://www.bilibili.com/medialist/play/ml1210435410/BV1S7411T7Ln 视频截图）

首先需要通过摄像机连续拍摄手部的运动图像，然后通过图像处理技术提取出手部轮廓，再进一步分析手势形态。人的手势多种多样，含义各异，需要对不同的手势进行定义并存入模板库。检测手势含义时再根据与模板库中手势相似度的比对进行姿态识别，常见的手势定义如图 2-30 所示。手势识别的优势在于输入设备较便宜，不干扰用户，缺点在于识别的精确度较低，实时性较差。

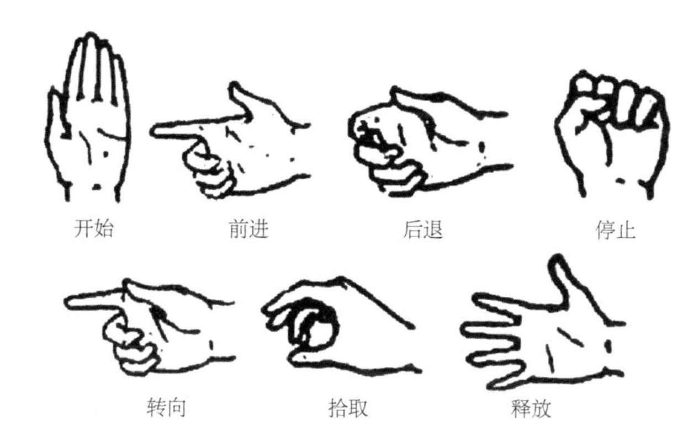

图 2-30 手势定义规范举例

面部表情识别

面部表情识别，简单地理解，就是让计算机看懂人的表情。如果虚拟现实中计算机能够通过人的面部表情对人的情感进行理解，并给出恰当的反馈和表达，那将大大改变人与计算机的关系。计算机的人脸识别技术较为复杂，主要涉及生理学和心理学技术。按照检测流程可将识别技术分为人脸图像的检测和定位、表情特征提取、表情分类。

人脸图像的检测和定位

面部表情识别的第一步是找到人脸所在的位置。对于人脸的检测，有基于特征的人脸检测方法和基于图像的人脸检测方法。“基于特征”的方法也称作模式识别法，计算机将人脸的轮廓、五官分布、肤色等形成某种模式，用该模式与出现的图像（人脸）比对，判定出现的图像是否为人脸。“基于图像”的方法则不预设模式，而是基于机器学习的思想，将大量人脸和非人脸的样本图像呈现给计算机学习分辨，计算机经过学习后便能自行进行图像分类，正确判定“人脸”和“非人脸”。

表情特征提取

表情特征提取指的是对人五官相对位置、嘴角形态、眼角形态等信息的提取，包括静态特征和动态特征。静态特征主要指面部的形变特征，这种形变特征的提取以中性表情①模型为基础，识别在中性表情的基础上人五官、嘴角、眼角等的形变。动态表情特征提取则依赖于人面部发生的系列变化，提取人五官、嘴角、眼角等部位连续的运动特征。

①指人面部的五官位置、嘴角形态、眼角形态等未发生形变的表情。进行面部表情识别时，通常会选取一开始获取到的自然状态下的表情作为中性表情。之后建立中性表情的特征参数，并基于与中性表情特征参数的对比判断后续“喜、怒、哀、惧”的表情，抑或没有发生变化的中性表情。

表情分类

提取完面部表情特征后，下一步便是依据这些特征对表情进行分类，给出该表情“喜、怒、哀、惧”等的识别。目前，表情分类法大致包括最近邻法、基于模板库的匹配法、基于神经网络的方法等，其中基于模板库的匹配法是最为常见的。对该方法而言，建立良好的样本集或分类库是识别准确性高的关键。图 2-31 展示了常见面部表情及其对应特征的分类模板。近年来，除了模板匹配的方法，基于神经网络和概率模型的新技术也逐渐被人们使用。

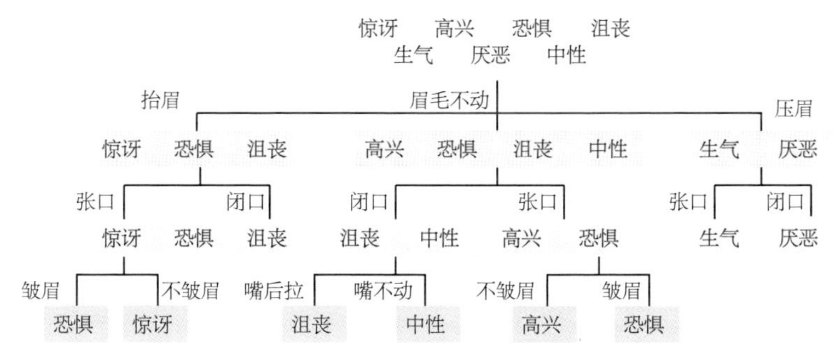

图 2-31 常见表情分类模板

眼动跟踪

通常情况下，虚拟现实的视觉跟踪定位主要依赖于对人头部位置的追踪，即当用户的头部发生位置移动时，所呈现的虚拟场景会发生相应的变化。但在现实生活中，很多时候我们可以不依赖于头部的运动，仅通过眼睛的转动，借助改变视线位置便可变换对周围景物的观察。因此，在虚拟现实技术中，仅通过对人头部位置的变动来追踪图像变化是不够的。为弥补头部跟踪技术的不足，虚拟现实技术引入了视线移动即眼动追踪作为人机交互的方式之一。

眼动追踪技术的原理

眼动追踪技术的核心在于对“注视点”的测量。这一测量借助图像处理技术，定位瞳孔位置，获取坐标并建立算法，比如建立眼球相对于头部运动位置关系的算法，让计算机得知“你在看哪里”。在硬件技术层面上，眼动追踪技术借助特殊的头盔或隐形眼镜，或者置于头部的固定架、置于头顶的摄像机等实现人眼视线的检测、定位和追踪。近年来以软件技术为主的眼动追踪技术逐渐被应用，其工作原理是使用摄像机获取人脸图像，再利用图像处理算法估算图像中人眼的位置，从而实现对人眼视线的检测、定位和追踪。

眼动追踪技术的主要问题

目前，眼动追踪技术的发展还有待完善。首先，在眼动数据的提取上，高频率的眼动使得短时间内便会产生大量数据，对这些数据进行快速存储和分析是一个较为困难的事情。其次，在眼动数据的解释上，存在由于眼睛的抖动和眨动带来的眼动数据提取不准确的问题。再者，“米达斯接触”（Midas Touch）问题和算法问题也是眼动追踪技术待完善的地方。“米达斯接触”问题指用户视线移动的随意性给计算机分析用户意图带来的困难。用户的随意看并不一定关联着某个指令，即并不是每次转移视线都需引发计算机相应的反馈。算法问题则是指眼动追踪技术中人眼抖动、眨动带来的数据中断以及其他信号干扰。此外，整合视觉通道和其他通道的算法，进行更精确的追踪定位也是眼动追踪技术算法面临的挑战。

语音识别与合成

虚拟现实中的语音技术是一项综合性的前沿技术，这一技术常和图像合成技术结合使用。如果说我们之前使用的“Siri”“小爱同学”“小艺”等智能语音助手给用户带来的使用感还较为生硬，那么结合虚拟现实的语音技术就能给用户带来更为柔软贴切的使用感，创造出更具真实感和临场感的人机语音交互。

虚拟现实的语音技术包括语音识别和合成技术。语音识别技术即让计算机“听”懂人类的语言。完整的语音识别系统包括语音特征提取、声学模型与模式匹配、语音模型与语言处理三步。具体而言，这一技术主要依靠声音样本的比对实现智能操作。即事先录入人的声音输入到计算机，包括文字、符号等，形成声音样本。此后，当有语音再次进入计算机等待识别时，计算机就会将这些语音与事先存储好的声音做对比，判别出“最像”的声音样本，进一步给出被识别语音的语义，进而执行相应的操作。这一系列的过程便是语音识别。如果说语音识别技术是让计算机“听”懂人类的语言，那语言合成技术则是让计算机在“听”懂人类语言的基础上再将相关信息“读”给人们听。

三 人人都能享有的虚拟现实

随着虚拟现实技术的日趋成熟，现如今，每个人都可以在生活、工作、学习等各个方面接触与体验虚拟现实。我们正在进入一个人人享有虚拟现实的世界。与此同时，我们也不得不承认，这种人人享有的情况才刚刚起步。虚拟现实还远没有达到完全普及的程度。因此，接下来你将了解到的可能是某些少数人的体验与经历，但是，他们恰恰是未来的缩影。正如丘吉尔所言：“这不是结束，甚至不是结束的开始，但这可能是开始的结束。”一个充满无限活力的虚拟现实世界正在走来，正在融入周遭。

娱乐休闲新升级

在虚拟现实中，你是否体验过高空行走带来的惊心动魄？你是否以为有列车向你驶来而四处逃窜？你是否沉浸在逼真的电影场景中不能自拔？

这些都是虚拟现实与娱乐结合带来的全新体验。虚拟现实交互性、沉浸性、逼真性的特点，及其在娱乐行业的充分应用，给参与者带来了全新的、前所未有的体验方式，不仅提升了用户的参与度和沉浸感体验，还把用户从作为游戏、电影等内容的旁观者变成了参与者。

欲罢不能的 VR 游戏

在电影《头号玩家》（*Ready Player One*）中，虚拟现实技术已经渗透到人类生活的方方面面，更是有庞大的 VR 游戏宇宙供人们选择。人们只要戴上 VR 设备，就可以进入虚拟世界开始游戏。也许电影中的 VR 游戏看似离我们很遥远，但是目前 VR 游戏正在不断成熟，让人体验之后有欲罢不能之感。

图 3-1　电影《头号玩家》海报截图

虚拟现实游戏依靠其逼真度和沉浸感能够带给游戏用户最真实的体验。例如，目前较为成熟的射击游戏（见图 3-2）、球类游戏（见图 3-3）等，通过跟踪用户的移动部位达到更好的控制体验，通过实物与虚拟现实中物品的完美重合给参与者一种“共同存在感”的游戏体验。

图 3-2 VR 射击游戏《零口径：重装》（*Zero Caliber VR*）
（图片来自：https://store.steampowered.com/）

图 3-3 VR 高尔夫游戏《高尔夫俱乐部》（*The Golf Club VR*）
（图片来自：https://store.steampowered.com/）

除了以上沉浸式的 VR 游戏，还有的游戏可以将物理世界与虚拟世界深度融合，为游戏用户提供混合现实的体验。在现实中很难实现或者有危险的场景在虚拟现实中即可轻松体验！

想在保护自己安全的同时体验惊险刺激的高空走木板和跳楼？VR 游戏《顶屋》（*Top Floor*）就可实现，不过可不要被过于逼真的场景吓到腿软（见图 3-4、图 3-5）。

图 3-4　VR 游戏《顶屋》（*Top Floor*）
（图片来自：https://store.steampowered.com/）

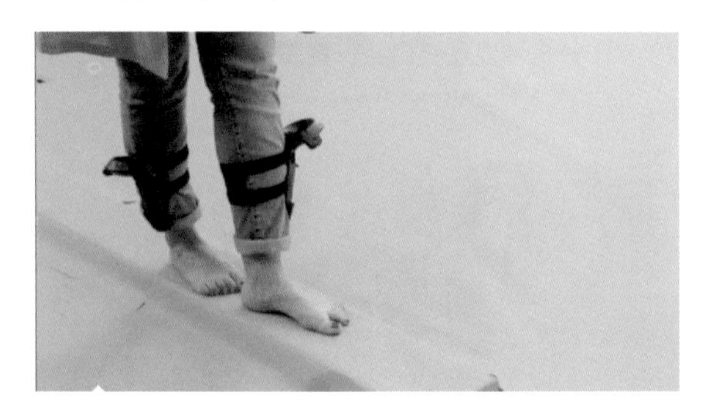

图 3-5　*Top Floor* 游戏中通过现实中地面的凸起使得高空走木板更加真实
（图片来自：https://store.steampowered.com/）

不满足于普通的赛车游戏，想体验在真实世界里飙车的刺激？来 VR 赛车游戏体验真实飙车的快感吧！为保证最佳游戏体验，VR 赛车游戏《幻速赛车》模拟真实的 F1 赛车（见图 3-6），逼真还原真实赛车场上的漂移与飞跃，带来极佳的游戏体验。

除此之外，在虚拟现实中也可以让你体验多人互动游戏的乐趣。

Spaceteam VR 是一款多人互动的 VR 游戏（见图 3-7）。在游戏中你最多可以与 6 名玩家一起玩游戏，甚

至可以与非VR用户一起玩。你需要向朋友们发出命令指示，以便在太空中驾驶船只时能清晰有效地进行交流。*Spaceteam VR* 游戏用户体验忙碌而有趣，是一款参与度较高的多人游戏之一。

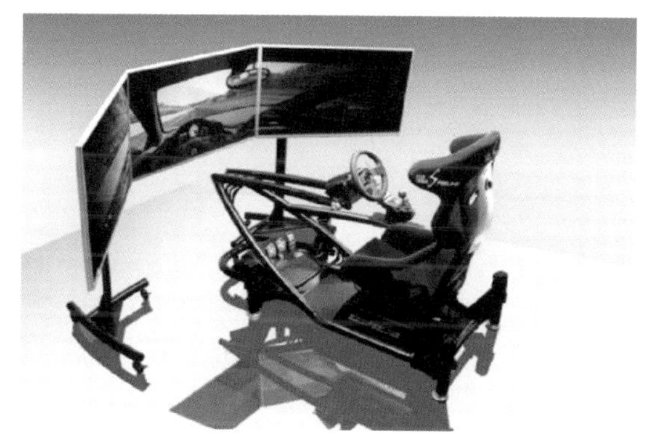

图 3-6　攻克 VR 驾驶眩晕问题的赛车游戏《幻速赛车》
（图片来自：https://www.shenzhenware.com/ware/1073447156）

图 3-7　多人互动 VR 游戏 *Spaceteam VR*
（图片来自：https://store.steampowered.com/）

为了实现参与者在感觉器官上难辨真假、交互手段也接近自然的虚拟世界，感受“物我合一”的游戏体验，虚拟现实技术还设计了相关增强体验的装置，如 Virtuix 开发的虚拟现实设备 Virtuix Omni 万向跑步机（见图 3-8）。虽然叫作跑步机，但它的功能是辅助游戏者在 VR 游戏中移动。[1]

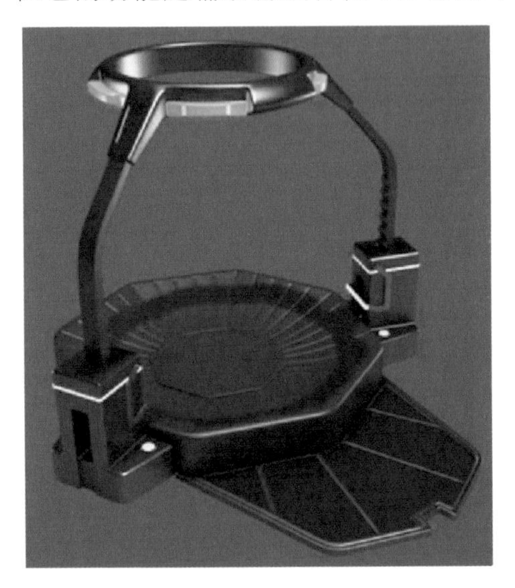

图 3-8　Virtuix Omni 万向游戏跑步机可进行游戏操控
（图片来自：https://hypebeast.com/zh/tags/omni-one）

通过打破次元壁[2]的体感游戏平台进行动作捕捉，VR 游戏效果将会更上一层楼。

身临其境的 VR 电影

2009 年，《阿凡达》电影的上映让全球影迷迎来了新的视觉盛宴，虚拟现实技术的日臻成熟为电影产业带来更震撼的视觉体验。借助方向传感器、360° 全景视角、运动传感器等技术，电影画面能够跟随观影者的变化而变化，从而实现“除了你，四周都是电影”的效果。在虚拟世界里，观影者抬头能看到浩瀚的太空，低头能俯视波涛汹涌的海洋，甚至能捡起石头追赶恐龙……。全新的观影体验拉近

① 金霄. 数字游戏中虚拟现实技术运用探索 [D]. 南京：南京艺术学院，2016.

② 网络用语，即次元与次元之间的屏障。

了电影与观众之间的距离，使观众沉浸其中，难以分清真实与虚幻的界限。

VR 影视大致可以分为三种类型：纪录片类、动画叙事类和真人叙事类。

VR 纪录片可以将观众带入难以亲身去到的现场，感同身受。比如美国前总统奥巴马的离职纪录片《人民的白宫》（见图 3-9），观众可以借助 VR 技术观看奥巴马在白宫生活的点点滴滴。又如纪录片《游牧民族》（见图 3-10），带领观众置身平时到不了的地方，欣赏当地的景致和风土人情。

图 3-9　VR 纪录片《人民的白宫》截图

图 3-10　VR 纪录片《游牧民族》截图

VR 动画能够实现创作灵活、不局限于拍摄设备等效果，使其有大的发展空间，甚至可以结合游戏的特性。谷歌出品的 VR 视频《特快专递》(*Special Delivery*)就是一个很好的例子(见图 3-11),故事讲述了一位看门人“追捕”神秘陌生人的过程。该视频利用方向传感器来判断观众的视线,由观众的视线触发预先设定好的事件,在保证故事完整性的同时大幅提升观感效果。

图 3-11 《特快专递》(*Special Delivery*)的开头场景中呈现多个小场景

真人叙事类影片代表作品有《宫壁》(*Miyubi*),这是一部由 Felix&Paul 工作室与 Oculus 联手制作的真人实拍 VR 电影。观众可通过一个机器人 Miyubi 的视角来观察 1982 年一个美国家庭的故事(见图 3-12)。电影中每一次场景

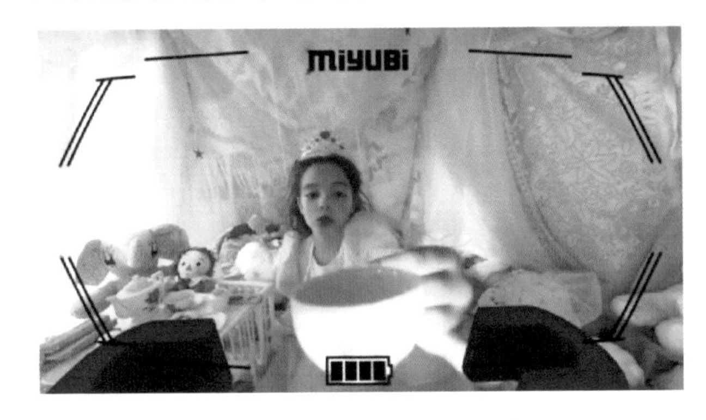

图 3-12 影片中跟 Miyubi“过家家”的 Cece 经常会给 Miyubi“喝一杯茶”

切换发生在Miyubi被关机的时候，每次Miyubi的重启都是一个新场景的开启。观看者可以随着机位的自然变化和场景的转换跟上电影的节奏和情节。

当然，VR影视目前在推广上还存在一定的问题，包括交互技术、拍摄成本与内容等。一旦问题得到解决，VR影视将会有突飞猛进的发展。

艺术设计新定义

当你看到下面这幅图片（见图3-13）时，你看到了什么？

图3-13 日本艺术家关口爱美作品《浮世绘》正面

是华丽的金色外框还是汹涌的海水？

没错。

但是，当走进这幅画的画框内，你可以发现更多背后的秘密。

走进画框里，出现了许多截然不同的景象，这就是虚拟现实艺术作品《浮世绘》的魅力。除了正面的景象，你还能看到画面内部的故事，在气泡中自由穿梭的五彩金鱼，

图 3-14　日本艺术家关口爱美
作品《浮世绘》内部

左边有日本和扇、手鞠和红伞装饰，望向右边则是一个窗口，走进窗口往内看，还有一个亮闪闪的小人在海浪下休憩。原来一幅画中竟然隐藏了这么多的景象！真是让观者惊喜连连，应接不暇。传统的平面媒介显然很难把所有想表达的信息同时呈现在一幅画中，更不用谈呈现在立体的画面中。而虚拟环境则是一个立体多维度的空间，一个 360° 画布，这意味着能在没有界限的画面作画，并且任意角度都可进行创作。

虚拟现实为艺术设计给出了新的定义，不论是艺术创作者还是像你我一样的艺术欣赏者，都可以在虚拟现实艺术中有全新的体验。

其实，对于虚拟现实艺术，我们多少有所接触，如在

图 3-15 电影《黑客帝国》截图

图 3-16 电影《电子世界争霸战》截图

《黑客帝国》《电子世界争霸战》《创：战纪》等艺术电影作品之中，均表现出了艺术家对虚拟现实艺术概念的设想和尝试。

VR 在视觉艺术领域的应用不仅包括电影，还有 VR 动画。VR 动画应用 Waffle 也正式在三星 Gear VR 虚拟现实头戴式显示器平台上推出。这款 VR 应用有望成为原创 VR 动画新的聚集地，它已经拥有了第一个 VR 系列动画。你可以在上面观看最新的 VR 动画，如《开心汉堡店》（*Bob's Burgers*）、《副总统》（*Veep*）、《衰女翻身》（*The Mick*）等。《水熊》（*Water Bear*）是 Waffle 推出的首部 VR 动画系列（见图 3-17），该动画讲述了一只熊从一艘派对船落水

图 3-17　虚拟现实动画《水熊》海报

后，决定在水下生活的故事。在这部动画中，熊虽然掉进了水里，但是依然存活了下来，并且在水底交到各种有趣的朋友，还发生了许多令人啼笑皆非的故事。Waffle 目前提供的是免费 VR 动画，未来将会有更多动画作品。现在 Waffle 已经可以在 Gear VR 平台上免费下载获得。如果你已经拥有一个 Gear VR 和支持 Gear VR 的手机，何不现在就下载体验一番呢？

通过虚拟现实技术创作和生成作品，就不再单单是通过工具在对象上进行从零开始的全新创作。从创作手法来说更加方便，专业性要求降低很多。即使是不会构图、没有绘画基础的新手，通过设置好的虚拟现实技术创作模板，也能够进行创作，生成属于自己的独一无二的作品，真正实现艺术来源于每个人。

相比于传统的艺术创作对象（某些客观存在的事物，比如画布、雕塑石块等），虚拟现实技术的应用使得视觉艺术的创作对象范围扩大，不再局限于实体，也可以是虚拟物品。创作者可以在虚拟环境中使用虚拟工具对虚拟模型进行创作，并且创作对象可以在虚拟环境下获得即时修改重造，这降低了艺术创作的成本，提高了艺术创作的效率。谷歌公司于2015年发布了全球首款专业的虚拟现实数码绘画软件——Tilt Brush，方便普通大众简易地接触和进行虚拟现实绘画。有了专门的软件支持，不少艺术创作者开始实际尝试将虚拟现实技术与绘画艺术相结合。

图3-18 使用虚拟现实艺术创作软件Tilt Brush作画
（图片来自：https://variety.com/t/tilt-brush/）

目前，虽虚拟现实数码绘画创作处于摸索阶段，但已有不少艺术家进行大胆尝试，并获得不错的效果。你也可以打开Tilt Brush软件进行欣赏，或者试一试，借此开启自己的艺术创作。

除此之外，虚拟现实技术还能帮助实现视觉艺术的呈现场景化。比如通过虚拟现实展示技术，客户可以进入立体的设计环境，相较于传统的平面图纸，三维环境有助于设计师带领客户自由走动和观摩。身临其境的参观，不局限于视觉，通过听觉、触觉等辅助感官传感器的帮助，能够加深视觉的体验，使得视觉艺术带给人的冲击力更强。

虚拟现实与艺术的结合也广泛运用于各大博物馆中，例如，故宫博物院与景德镇陶瓷考古的新成果展在故宫斋宫展出。这些考古最新成果的公开亮相不仅有传统的现场展示，同时还有现场布置的 VR 视频观影互动区域。参观者佩戴上 VR 眼镜，可以观看到江西景德镇的考古现场。这是 VR 视频技术第一次应用到故宫博物院的展览中。

虚拟现实技术虽然更多地被当作一种技术，但是在带给用户体验方面却与视觉艺术的作用不谋而合，因此利用沉浸式虚拟现实设备可以增强视觉艺术带给人的冲击感。观众在虚拟环境中并不是被动地观看，而是主动的参与者，可以在其中自由地前进探索，还能与虚拟环境进行互动。这样的体验增加了创作者与观众之间的互动，满足了观众对作品探索的欲望，也能对作者的创作意图有更好的理解。同时作者暗藏于艺术创作中的小机关，又给予观众探索的惊喜，拉近了作品与观众之间的距离，增添了不少趣味性。

医疗健康新窗口

虚拟现实与医疗的结合并不是什么新鲜事，早在 1990 年，虚拟现实就已经被用作辅助医疗的一大技术，并且随着商业的发展逐步进入人们的视野，变得更加流行。

当下，随着互联网与医疗结合的程度更加深入，我们将迈入一个全新的时代——智能医疗时代。虚拟现实被更加广泛地运用于医疗领域，为我们打开医疗健康的新窗口。

在虚拟现实中进行守门员游戏并不是什么新鲜事。但是，这个 VR 游戏并非仅供娱乐。

图 3-19 所示是由墨西哥国立自治大学的一支科研团队在 2019 年研发出的多款基于虚拟现实技术的游戏之一，旨在帮助上肢运动功能障碍患者通过虚拟现实游戏开展神经康复治疗。在这个游戏中，参与者扮演足球场上的守门员，根据显示屏中射门点出现的位置做出反应，通过手臂传感器在游戏中进行防守和扑救。

图 3-19　参与者在虚拟现实游戏中担任足球守门员

（图片来自：https://baijiahao.baidu.com/s?id=1641282186396253248&wfr=spider&for=pc）

在游戏中，参与者会自然而然地调动自己的上肢肌肉去拦截足球。在这个过程中参与者训练了自身的上肢运动功能，不仅具有治疗作用，还兼具趣味性。

其实，这只是虚拟现实技术辅助患者康复的冰山一角，已经有多家研究机构研发出不同的虚拟现实设备和游戏来辅助对患者进行治疗。

美国南加利福尼亚大学创新技术研究所的医疗 VR 很早就开始致力于研究和推进虚拟现实用于临床的康复治疗。艾伯特（Albert）博士早在 20 世纪 90 年代就开始研究虚拟现实在医疗领域的应用，他接触的主要是遭受精神创伤的患者。经过长时间与患者的接触，他发现部分脑损伤患者非常抗拒治疗，普通的物理治疗无法很好地实施。但是，他惊喜地发现有位额叶受伤的患者对俄罗斯方块游戏很感兴趣，能够专心地玩 15 分钟。这激发了艾伯特的想法，于是他开始和同事一起探讨虚拟现实模拟训练是否会提高患者在真实世界的能力。

经过 20 多年的研究和实践，艾伯特博士发现虚拟现实技术确实可以营造记忆中的场景，帮助患者沉浸其中，回忆起更多当时的场景细节，更好地直面创伤。

艾伯特博士在 1998 年就运用虚拟的战争场景对“越战”退伍军人进行创伤修复治疗（见图 3-20）。患者往往能在虚拟场景中看到现实中根本不存在的东西，用记忆填补场景中的空白，很容易入戏并做出反应。那些退伍军人没有办法重回当年的战场，以往都是通过自我想象或者旁人讲述来回忆当时的场景，但是这种方法效率太低。而虚拟现实技术带来的真实性能更好地带领患者进入场景，不仅提升了治疗效果，还降低了治疗成本，更加便捷。

图 3-20　对退伍军人进行创伤修复治疗

（图片来自：https://baijiahao.baidu.com/s?id=1673605732321088319&wfr=spider&for=pc）

运用 VR 技术还可以开展其他相关的心理治疗工作，如恐惧症、创伤后应激性障碍、注意缺陷多动障碍、精神分裂症、社交焦虑症的治疗等。

当然，除临床治疗之外，虚拟现实技术在医疗健康领域还有很多用处。

比如，在 VR 医疗教育和培训中，VR 手术模拟器的使用让更多新手医生在虚拟现实中有了“真实”模拟的机会（见图 3-21），他们可以放心地在没有任何风险的情况下进行一场外科手术。除模拟手术之外，VR 也是进行临床教育和培训的一种性价比高、安全有效的方式。医务人员可以在极具沉浸感、贴近真实的环境中学习相关知识和技术，并进行模拟训练。

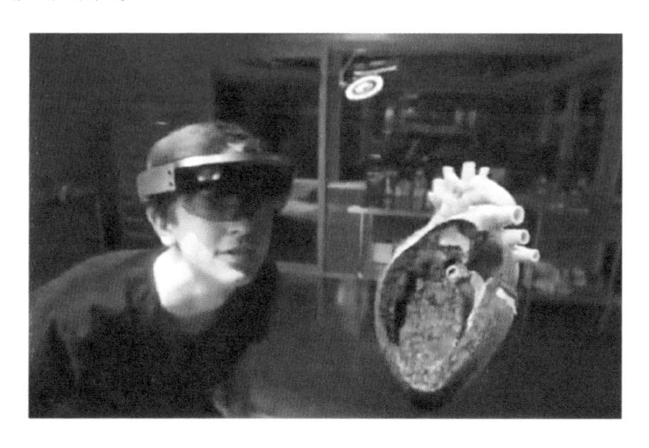

图 3-21　新手医生利用虚拟现实技术进行模拟手术
（图片来自：美剧《良医》截图）

不仅如此，VR 还可以用到真实的手术场景中，通过虚拟现实的沉浸感帮助患者进行有效的止痛。例如，美国一位血压过高的脂肪瘤患者，在手术过程中通过玩虚拟探险的游戏来控制血压（见图 3-22）。

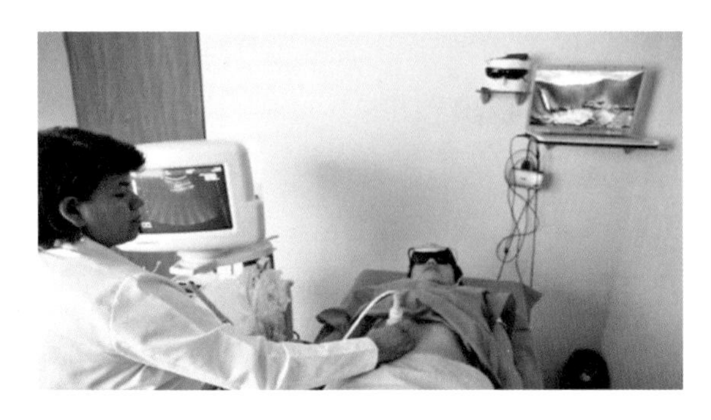

图 3-22　患者在手术过程中通过玩虚拟游戏来控制血压
（图片来自：https://baike.baidu.com/tashuo/browse/content?id=043d1618cf347c42b7b8ab72）

借用 VR 技术还能实现远程探视。在许多医疗场景中，家属被要求不能随时进入病房探视，不免担心焦急。现在，济南市妇幼保健院利用 5G 高清视频远程探视系统，使家属只需戴上 VR 眼镜，就可以“身临其境”实时看到亲人的情况，减少无法探视的担忧（见图 3-23）。

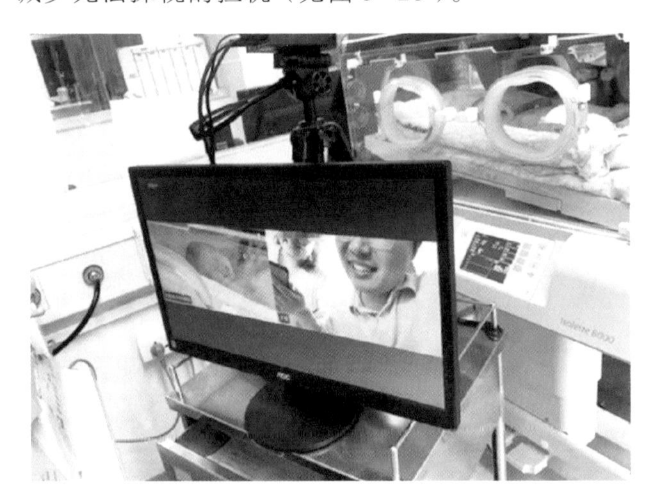

图 3-23　家长戴上 VR 眼镜探视病房中的孩子
（图片来自：https://baijiahao.baidu.com/s?id=1685489964525475688&wfr=spider&for=pc）

在帮助个体维护健康方面，VR 也有诸多用处。最常见的是满足个性化健身需求，在这方面，市面上已经有多种类型的 VR 设备辅助健身。例如，Widerun（一款虚拟室内自行车系统）能通过呈现真实的骑行场景让用户更好地享受骑行锻炼的体验。不管户外是刮风下雨还是烈日暴晒，用户都能自在地使用 Widerun 进行健身（图 3-24）。

图 3-24　利用 Widerun 进行虚拟骑行锻炼

（图片来自：https://www.wildrun.com 视频截图）

Icaros 则是一款能够模拟飞行的健身器装置（见图 3-25），在这样的情况下你可以充分锻炼你的腹部肌肉，练出六块腹肌不再遥远！

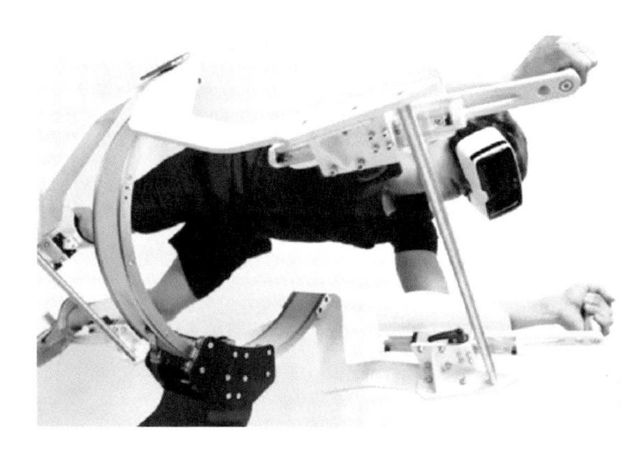

图 3-25　利用 Icaros 锻炼腹肌

（图片来自：https://www.icaros.com）

VR 和医疗健康的结合已经发展了一段时间，未来还会持续发展，在手术（包括术前规划和模拟手术、术中导航）、康复训练、心理治疗、医疗教育、医患沟通、个人健康等领域大有作为。

“VR+医疗健康”不再是一个概念，它已经变成了一个个实体，落实为一个个实践。相信未来“VR+医疗健康”的新窗口定会越开越大！

社交办公新平台

在互联网还没有发展起来之时，我们无法想象今天我们不再局限于面对面交流的方式，而是更多地使用微信、QQ等进行沟通交流，使用微博、豆瓣、抖音等线上社交平台进行互动。现在，随着虚拟现实技术的发展，我们的社交互动将会有什么样的新变化？

虚拟现实社交是什么？相较于线上社交和线下社交，虚拟现实社交介于两者之间，是在虚拟世界的线下社交。这意味着线下社交可以部分被虚拟线下社交替代，而线上社交软件将会继续存在。即便在虚拟世界中，人们也需要即时地跟朋友沟通。全新的虚拟现实社交与线上社交有许多不同，会给社交互动带来全新体验。

虚拟现实社交使人们可以随时虚拟见面。在这样的情况下，虚拟现实社交虽然是在复刻线下社交，但由于它是虚拟的，所以具备非常大的灵活性。和传统线下社交一样，虚拟现实社交具有形象、场所环境、社交活动三个核心要素。

在虚拟世界中，用户可以选择贴近真实形象的身份，也可以突破现实中的顾虑，选择与自己真实身份大相径庭的形象。不仅如此，用户还可以在虚拟现实社交中使用幻想形象，从萝莉（表示娇小可爱的女孩）到机器人，从小精灵到巨人，只要能想到的都能实现。

图 3-26 佩戴上虚拟现实设备将真实形象改为虚拟形象

最奇妙的是，用户的视角是伴随着用户的个人形象的。如果你选择巨人形象，那么你将以巨人的视角来看待整个虚拟世界。

图 3-27 虚拟现实社交中的多样形象选择

除个人形象外，虚拟现实中的个人空间也能体现用户的个性。相信每个人都希望拥有属于自己的、可以随意布置的空间，这在现实生活中往往很难达到。而虚拟现实世界给了人们这种机会，可以打造属于自己的小世界。

有了这些，用户在虚拟现实社交中可以做什么呢？可以没有空间限制地进行虚拟线下社交。通过佩戴虚拟现实

图 3-28　居家时也可以在虚拟现实世界中打造自定义环境
（图片来自：https://v.qq.com/x/page/r0396cnam9i.html 视频截图）

设备，你就可以和你的朋友一起交谈，你们的表情和视线都将借助虚拟现实传感器实时地通过卡通形象显示。你们身处一个虚拟世界，并且可以一起去任何一个场景，比如可以在瞬间就去到另外一个星球，或者去一个风景如画的地方，然后瞬间你又回到你的家。

图 3-29　在虚拟现实社交中的眼神交流与表情
（图片来自：https://v.qq.com/x/page/r0396cnam9i.html 视频截图）

图 3-30　在虚拟世界中和朋友去火星参观
（图片来自：https://v.qq.com/x/page/r0396cnam9i.html 视频截图）

当然，在虚拟现实社交中，你还可以和线下联动。例如，你可以和朋友一起庆祝生日并且合影留念。

图 3-31　在虚拟现实社交中虚拟形象和真实形象合影
（图片来自：https://v.qq.com/x/page/r0396cnam9i.html 视频截图）

你也可以和朋友一起打游戏、看表演、玩扑克等。

图 3-32　在虚拟现实社交中和伙伴一起打游戏
（图片来自：https://www.bigscreenvr.com/）

图 3-33　佩戴虚拟现实设备和同伴观看京剧表演
（图片来自：https://baijiahao.baidu.com/s?id=1623897704829959803&wfr=spider&for=pc）

当然，社交也不局限于休闲娱乐，利用虚拟现实技术和同事一起办公开会、头脑风暴也是虚拟现实社交的一大分支。在“后疫情”时代，各种线上会议，包括跨国会议可以借用 VR 技术更加高效地开展。

图 3-34 HTC 公司推出的虚拟现实线上会议

（图片来自：http://finance.sina.com.cn/wm/2020-04-14/doc-iirczymi6225250.shtml）

虚拟现实社交不局限于虚拟现实场景中的人们，它还可以将虚拟现实与现实更好地融合。人们可以在现实中和虚拟现实中的朋友们视频，这让虚拟现实世界和现实世界更好地交互。

图 3-35 与虚拟现实中的朋友们视频聊天

（图片来自：https://v.qq.com/x/page/r0396cnam9i.html 视频截图）

介绍了这么多，你是不是有在虚拟现实社交中尝试一下的冲动了呢？接下来，我们就为大家介绍三款虚拟现实社交软件来一探究竟。

VRChat

VRChat 可以说是目前最火的虚拟现实社交应用软件。截至 2021 年 6 月，它在 Steam 平台（全球最大的综合性数字发行平台之一）上拥有数百万名用户。

VRChat 最大的特点就是高度自由，具有游戏特征。用户可以自由地上传自己使用第三方 3D 软件制作的形象、场景和自定义游戏，可以扮演各种原本只存于银幕、电视上的形象。

图 3-36　在 VRChat 里可以完全脱离现实世界的限制，扮演自己喜欢的角色

Rec Room

Rec Room 是一款主打多人小游戏的 VR 社交应用软件，拥有多款小游戏。在多样的 VR 游戏中，第一视角[1]的网络社交所带来的乐趣毋庸置疑，用户可以通过直接对话、虚拟角色的手势进行 VR 线上互动和游玩。

Rec Room 还支持用户无虚拟现实头显便可步入虚拟

① 指以游戏操作者本人的视角观看整场游戏演示，相当于站在操作者身后看，自己所见即为操作者所见。

图 3-37　Rec Room 社交应用界面

社交空间，以及跨平台社交。所以无论身处哪个平台，用户都能够与朋友一起走进 Rec Room 这个有趣的虚拟世界，交朋友，聊天，和朋友一起玩游戏，还可以自己创造游戏。Rec Room 支持用户自建房间，甚至还有老师利用 Rec Room 搭建教室授课。

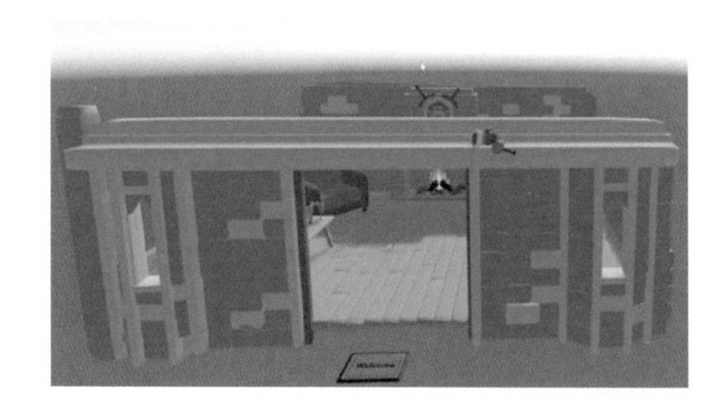

图 3-38　在 Rec Room 中搭建场景

BigScreen

想和处在异地的朋友一起看电影？BigScreen 可以满足你的愿望。

BigScreen 作为虚拟现实社交观影应用软件，主打个人计算机屏幕共享社交。用户在其中可以和朋友远距离同看

图 3-39 BigScreen 社交观影应用界面

（图片来自：https://www.bigscreenvr.com/）

一部影片，并且可以在虚拟现实中聚在一起吐槽。

2019 年年底，BigScreen 开始引入在线电影业务，成为虚拟影院的首批实践者。它采用定时定片的模式，也就是特定日期定点放映特定影片，用户在线购票后，就可以在指定时间观看影片。

图 3-40 在虚拟现实中和大家观看电影

（图片来自：https://www.bigscreenvr.com/）

在 VR 进入人们生活的过程中，虚拟现实社交也在不断改进并适应人们的生活，不论是设备上的升级还是软件上的更新，虚拟现实社交一直不断优化，以便更好地、无隔阂地融入人类生活。

社交是生活本身的映射，或许只有当 VR 在我们的生活中有了足够多的参与，才能让虚拟现实社交真正成为常态。

旅游观光新世界

相信你有在手机上观看全景图的经历，是不是画面如同现实般地展现在眼前？

这就是 VR 与旅游结合的体现之一。

虚拟现实旅游能给游客带来一种全新的旅游体验。游客不仅可以在其中获得游览观光的新视角，还可以在时间紧张、行动不便时随时欣赏美景。相较于传统的只靠解说或音、视频介绍景点的方式，虚拟现实旅游能够提高景点对游客的吸引力。

毫无疑问，随着虚拟现实的加入，将会在未来打开旅游观光的新世界。

有言道：“去了不同的地方，看了不同的风景，知道了不同的事，感悟了不同的人生。”旅游一直是人们日常工作生活外的调剂。旅游不仅可以放松当代快节奏生活下的焦虑心情，还能扩展视野，陶冶情操。

对旅游业来说，虚拟现实技术的发展应用意味着什么？

其实，“VR+旅游”是虚拟现实技术最能发挥其魅力的领域之一。运用虚拟现实技术打造的旅游宣传片、360°景区实景图和旅游周边产品等，已在国内外旅游市场屡见不鲜。随着虚拟现实全景实拍技术、虚拟现实体验设备、资源交互技术、地理信息系统等技术的飞速发展，VR 与旅游的结合已经展现出了巨大的想象空间，为旅游行业带来了全新的模式，突破了原有的时空限制，实现了错峰旅游，极大地加快了旅游与其他产业的结合。

数字虚拟现实技术的发展推动了“真实再现”技术的发展，可实现再现不复存在的事物，如通过虚拟现实技术对古代建筑物、遗址、文物等进行复原、仿真、再现和展示。虚拟现实技术还极大地丰富了旅游资源的建设形式，为旅游资源开发提供了更为有效的途径。

VR 体验在文化旅游产业的市场前景广阔，景点借助全景相机进行全景图和视频的采集制作，游客使用智能手机或 VR 眼镜即可随时进行沉浸式现场体验，通过虚拟游览方式全面直观地了解景区布局。此外，VR 还可以广泛运用在旅游品牌和路线推广方面。分享旅行体验对旅游行业十分重要，VR 旅游体验分享可以对激发潜在旅游客户的旅游意向及路线规划等产生影响。

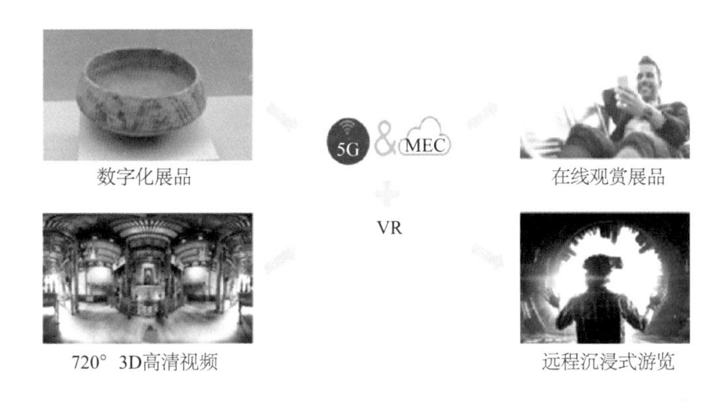

图 3-41　5G 网络及移动边缘计算支持下的虚拟旅游模式[1]

文化旅游产业与 VR 融合已成现实，国内外许多景点已

① 图源：《2019 中国智慧文旅 5G 应用白皮书》。MEC 指边缘计算技术（Mobile Edge Computing）。

经借助 VR 为游客提供 VR 旅游服务，并在网站上开启 VR 项目，帮助游客了解每个景点的详细信息；还可以给游客制订个性化、超值的旅游计划，为游客在游览过程中带来更多便捷体验。

国内部分景区已经尝试 VR 体验和云旅游。四川九寨沟景区开通了 VR 在线体验，游客使用 VR 头盔或者手机 APP 就可以在三维空间 360° 身临其境地感受景区美景，同时还可以享受私人规划旅游线路（见图 3-42）。

图 3-42 九寨沟景区的 VR 在线体验

（图片来自：https://www.jiuzhai.com/）

“全景宁夏”则是宁夏现有的在线 VR 全景体验项目，游客通过 VR 体验可以观看宁夏全景图，还可以通过菜单选择宁夏相应的市县、景点、地标等，轻松享受 VR 全景图带来的美景尽收眼底的愉悦。

除了实景 VR 体验外，VR 技术还可以融入旅游宣传片中。用户通过观看 VR 虚拟旅游宣传片能够“身临其境”地了解各个景区的实际情况，如景区周围的配套设施、景区的总体环境以及相关体验等。VR 旅游宣传片不仅可以扩大旅游景点的影响力，增加景区知名度，还可以让观看者进一步了解景区，达到吸引游客的目的。

图 3-43 瑞士旅游局发布的 VR 旅游宣传片

在观赏旅游环境的基础上，游客还可以采用多种交互手段如语言手势、数据手套及触觉等和旅游环境进行互动，与虚拟旅游场景中的物体、事件进行相互作用并得到实时反馈，不同的动作会使虚拟旅游环境给出不同的反馈。

在虚拟环境中，游客还可以对环境进行操作。譬如游客去虚拟园林参观，不仅可以欣赏园林的风景，还可以根

图 3-44 在 VR 旅游中可对虚拟环境进行操作

（图片来自：http://info.service.hc360.com/2017/07/171354500129.shtml）

据自己的趣味对它做出修改，如在虚拟园林里自行设置各种各样的草坪、树木、假山等。这种随时可作变动的、与旅游环境的交互和操纵性在真实旅游中都是难以做到的。

除此之外，“VR+ 旅游培训”也是旅游业未来的发展走向之一。通过虚拟现实技术搭建一个以现实旅游景观为基础的逼真的三维立体景区环境，能为旅游专业的教学培训、研究和考核提供全新的路径。学生借助虚拟现实平台即可在短时间内花费很少的精力游览各个景点，同时可以获得该景点有关的文字、图片、影片信息，还可以了解景点的历史、文化背景等。在导游实训的应用上，借助 VR 技术，学生在真实情景下全真模拟现实中导游带游客参观的过程，足不出户即可完成导游训练，实现真实情景的旅游培训。

图 3-45　利用 VR 进行旅游实训

（图片来自：https://www.sohu.com/a/231766886_100128048）

当然，VR 技术与旅游的结合还可以更进一步。例如，当公园里的游乐设施碰上虚拟现实时，会给游客带来完全不一样的娱乐体验。当人们坐在过山车上，佩戴好 VR 设备，进入设置好的沉浸式场景飞速穿梭时，伴随着其他游

图 3-46　戴上 VR 设备体验惊险的过山车
（图片来自：https://store.steampowered.com/app/1070690/RollerCoaster_VR_Universe/）

客惊险刺激的尖叫，人们可能会感觉自己在云端飞越，或者在星际探险。

虚拟旅游在未来的旅游世界中会扮演重要的角色，打造“VR 旅游”也是当今以及未来旅游发展的方向。

建筑建设新机遇

当 VR 技术与建筑建设相遇，人们能够通过动态的、全方位的形式看到设计中的建筑物周边环境、内部构造、相关设施等。虚拟现实技术能够实现提前在未来的建筑中进行观赏和漫游。因此，虚拟现实技术能够为建筑设计、建筑效果展示、房地产销售、建筑装修等领域带来新的应用机遇。

你是否有过不停奔波在外看房的经历？

协调看房时间、地点等细节难免带来麻烦，VR 技术的运用将大大节省你的时间，提高看房效率！

目前房地产行业推出的 VR 全景看房不仅可以真实地还原房间环境，还可以利用 360° 视角全面地展现房源信息。不仅如此，你还可以对房间任意视角的场景进行放大或缩小操作，方便更细致地看房。在样板房展示上，你还可以“亲身”选择房间的真实楼层高度，体验房间内部的采光情况，利用 VR 眼镜和手柄在不同的房间内切换，通过来回走动、开关灯、开关门窗等全方位感受房型，获得更好的看房体验。

图 3-47　VR 技术实现随时随地看房

（图片来自：http://www.housebox.cn/news.html-976）

虚拟现实技术为房地产行业带来了时间、空间、资金、人力等多方面成本降低的可能，因此，VR 技术应用到房地产销售中心的现象也越来越普遍。

看好房之后的装修环节，VR 也能够派上大用场！通过虚拟现实技术可以呈现未来家里的真实环境，提高体验感。传统的装修设计可能需要 2—3 周才能看到效果图，运用 VR 技术能够大大缩短设计师的时间，让设计师的效率大幅提升，让家装行业高效起来。

在“VR+ 装修”的过程中，你还可以根据自己的装修

图 3-48 利用 VR 技术查看装修设计效果
（图片来自：http://www.tsjvr.com/index.html）

需求，让商家做好模板，这样你就可以提前看到房间在装修后的家居摆放以及整体的效果。只需戴上 VR 眼镜，你就可以清清楚楚地看见装修后的家居效果图，还可以亲自调整家具的位置，个性化定制自己的家装。

平面化的图纸常常让人难以理解，纸质的效果图也很难体现出整个空间的关系，但 VR 技术的应用可以让一栋未建起的建筑及其内部装修、空间布置和家具摆放都直观展现出来。戴上 VR 眼镜，你甚至可以看到模拟的一年四季中各房间的采光情况和各种气候条件下的采光变化。交互式的设计与浏览体验让你的装修预想变成了可见、可实现的现实。当房屋装修的仿真效果图直观地呈现在你和设计师眼前时，这为你们的想法和意见交流带来了更多便利。

当下也有许多“VR+家具”的手机应用供消费者使用，通过 3D 全景 VR 技术，你就可以拥有场景化家具浏览体验。

其实在建筑建设中引进 VR 技术，不论是对于消费者，还是建筑设计师、商家，都带来了新的机遇。

图 3-49 用户在 VR 中进行场景化家具浏览
（图片来自：https://www.iqiyi.com/w_19rt5q4rz9.html 视频截图）

VR 技术在建筑行业中的应用不应局限在预先体验建筑上，对于建筑设计师来说，虚拟现实技术在构建虚拟场景时能发挥更大作用。建筑设计师利用虚拟现实技术的硬件设备与软件平台便可以沉浸式地实时体验虚拟场景的功能空间，进行建筑创作设计。传统的建筑设计会让建筑设计师在创作设计过程中缺失建筑的空间感和立体感，这需要靠建筑设计师自身的想象去弥补。但现在有了虚拟现实技术，它能辅助建筑设计师在虚拟现实空间中直观地进行建筑设计的推敲与完善。VR 技术带来的沉浸式、交互性和构想性的特性，无疑给建筑装饰设计行业带来了颠覆性的革命。

当建筑设计师借助 VR 头戴设备漫游在未来的房间时，还可以为客户量身定制，打造适合他们身高的观赏视角。当客户在设计师为其特意设计的房间内任意走动观察时，虚拟现实技术提供的模拟真实视角，使得设计师的设计意图百分百呈现，从房型结构、墙面设计到天花板高度等，设计效果一目了然。

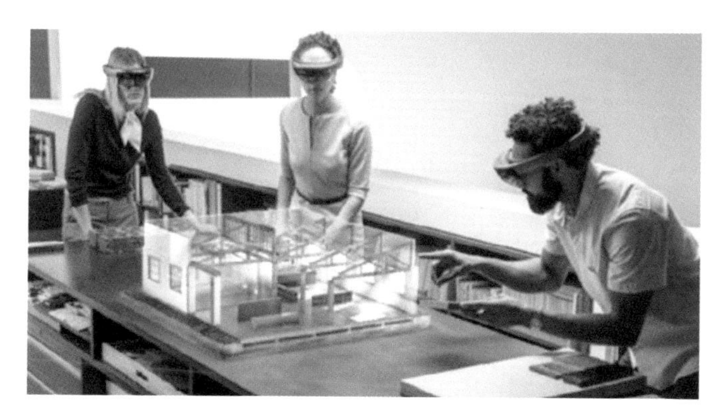

图 3-50 VR 技术让建筑设计更直观

（图片来自：https://www.sohu.com/a/254819922_181341）

VR 技术不仅在建筑物的建设上能够体现其价值，还能扩大运用到城市规划建设上。例如，澳大利亚昆士兰州首府布里斯班就曾发布一套高艺术质量的 3D 虚拟现实城市规划软件，通过虚拟现实技术让市民们都能参与到未来城市的规划与建设中，并在其中扮演重要角色。

通过结合虚拟现实技术，布里斯班城市规划系统可以对未来城市发展进行更有利的分析。城市规划与城市周边发展规划等项目都可以利用这套虚拟现实城市规划软件完成。这个 3D 虚拟现实城市规划系统让政府部门与居民更好地看到城市规划结果，分析未来发展，以便提出更合适的城市规划意见。

想象一下，你在互联网上就可以看到城市建筑模型，还可以更进一步，通过登录操作，具身进入到模型建设中，并将目睹自己所处的城市的建设过程，甚至你的建议被采纳，影响城市的建造。

图 3-51　澳大利亚昆士兰州首府布里斯班的
虚拟现实城市规划
（图片来自：http://www.87870.com/baike/6218.html）

电商购物新体验

在线购物近年来在我国飞速发展，通过移动端设备进行购物不仅大大减少了时间消耗，还能让消费者随时随地进行购物。正因为如此，网络购物得到了广泛普及。尽管网上购物破除了购物的时空界限，但是随着消费者对购物体验需求的提高，网上购物的一些不足也逐渐显现。

当我们在网上购物时，往往只能通过商家提供的有关商品的文字说明和图片简介平面化的页面看到商品，这样的二维化呈现形式限制了在线购物的真实性、立体感和实时性。简单的二维平面和无法互动的购物体验难以满足消费者的购物需求，提升购物乐趣。

“VR+ 购物”可以将原来的二维平面式的购物立体化、真实化。通过呈现三维购物场景和触手可及的商品，消费者能够准确掌握商品信息，提升购物体验感。

早在 2016 年“双 11”网络促销期间，淘宝就宣布并实施了“Buy+计划”。“Buy+计划”旨在使用虚拟现实技术，搭建可以让消费者与商品交互的三维购物环境。也就是利用VR设备，消费者可以在VR环境中随意浏览商品全貌，挑选商品，购买商品。这样的购物环境能够让消费者产生真实逛街的沉浸感体验。

虚拟现实技术结合了传统的线下购物的体验乐趣和网络平台购物的方便快捷，能够实现场景体验式的网络购物体验。通过VR技术，消费者就可以在货架间、超市走廊内漫游，沉浸在周围触手可及的商品中，比起看商品的图片和文字信息，这样的购物满足感能够最大限度地刺激消费的欲望。同时比起传统的线下购物，VR技术的加入保留了在线购物高效率的特点，消费者可以选购不同商家、不同品牌的多种商品，只要消费者想到的就都能买得到！

“Buy+计划”旨在将逛街的体验和网购的效率结合在一起，VR技术的加入增强了线上购物的体验感。在“Buy+计划”提供的全景购物视频中，消费者可以看到世界上想到达的任一购物目的地的全景场景，并获得真实的逛街体验。同时，整体环境氛围的渲染也提升了购物的乐趣。

同样的基于“VR+购物”理念，意大利inVRsion公司推出了虚拟超市ShelfZone。在这样的VR超市里，顾客能够实现虚拟购物。

相较于传统的超市，虚拟超市在真实性和交互性上试图搭建全真的线下购物环境，消费者可以足不出户就在这样的虚拟超市里进行真实产品的选购。在VR搭建的虚拟超市中，消费者不仅可以在超市内自由穿梭漫步体验，还可以任意拿起想要的商品进行观察，甚至是试用！与产品之间的互动可以让消费者更好地了解商品的特性以及判断自己对商品的喜好，减少购买不适合产品的可能。

图 3-52　佩戴 VR 设备即可将消费者传送至超市

（图片来自：https://www.ali213.net/news/html/2016-7/233097.html 视频截图）

与传统购物流程不同的是，当消费者选择进行虚拟购物时，需要完成相关软件的登录操作并佩戴好相关设备。当消费者成功登录后，就进入了一个三维的虚拟超市中，在这样的虚拟超市可以看见线下超市所有的产品。在购物流程上，虚拟超市和线上超市大致相似，消费者既可以在虚拟超市中闲逛来浏览商品，也可以按照自己的购物需要来选择喜欢、合适的商品。

当消费者点击商品时，商品相关的信息（商品的价格、生产日期、生产原料等）就会自动呈现。确认好选购的商品后，只需要确认点击自己需要购买的商品即可，操作非常简单方便！

当然，虚拟超市的功能不止于此，除了提供真实的购物体验外，消费者还可以与其他同样在虚拟超市的顾客一起进行 VR 购物。在这样的情境下，不同顾客还可以在虚拟

图 3-53　在虚拟超市中商品的信息清晰可见
（图片来自：https://www.bilibili.com/video/av285165238 视频截图）

超市中交流商品的特点以及购买价值等话题。当然，除了VR购物伙伴外，虚拟超市还设置了在线导购，消费者可以向导购咨询购物问题。这些功能都大大提升了虚拟超市的购物体验感。

当你犹豫要不要购买一件商品，或者纠结于购买哪个品牌的商品时，虚拟超市还能为你展示商品的顾客评价分数和评价内容，如果是一些护肤品或者家电类产品，还会有专家推荐意见供你参考。

图 3-54　虚拟超市中展示的商品信息和评价分数
（图片来自：https://www.sohu.com/a/106217378_355019）

当消费者确认好需要购买的商品后，即可到虚拟收银台结账。当然，如果消费者在结账过程中发现有自己不需要的商品，轻点屏幕进行操作就可退掉商品。在ShelfZone中购物时，只要你还没付款，就可以随意更换商品。

图 3-55 利用 VR 手柄即可操作购物车

（图片来自：https://www.bilibili.com/video/av285165238 视频截图）

国内的盒马鲜生也推出了虚拟购物的功能，当消费者戴上VR眼镜后，推着小推车，就可以开始购物。当看到满意的商品后，只要点击商品，商品就会被突出显示在屏幕上，继续点击，商品就会被放入购物篮，整个选购过程如同在盒马鲜生的实体店一样。不仅如此，整个过程中店内还时不时有消费者穿插而过，很有真实购物的场景感。

不过，虽然“VR+购物”会大大提升消费者的购物体验，但是搭建虚拟超市、增强虚拟购物体验感对虚拟现实技术带来了很大的挑战，需要性能更完善的平台。目前虚拟购物还未全面普及，不过相信随着技术的进步，“VR+购物”在未来将会有更多的可能。

军事训练新方式

虚拟现实技术在技能训练上有着广泛的应用场景，特别是在航空航天、国防军事等领域人员特殊技能的培养上。当在军事训练中引入虚拟现实技术后，军事训练可以在更安全的环境进行，同时获得更显著的效果。

传统的实装军事训练具有较强的破坏性和危险性，较难完成。但结合虚拟现实技术进行军事训练则能在保证真实性的实装场景中最大限度还原训练过程，并确保安全有效。因此，虚拟现实技术开拓了军事训练的新方式，成为军事训练领域非常有应用价值和探索前景的技术。

虚拟军事训练

随着虚拟现实技术的不断完善，军事训练可以随时随地进行，不再受时空约束。

虚拟现实技术之所以对军事训练重要，是因为它允许士兵在不离开基地的情况下，实现在偏远的村庄或密集的城市进行模拟战斗。在模拟战斗中，还能够使用飞行模拟器来进行训练，使训练更快捷、更经济、更方便。相比起真实情景下的飞行训练，虚拟飞行训练没有飞机损坏的风险，也能训练士兵在接近真实的现实情景中做好战斗准备。

图 3-56　士兵进行模拟飞行训练

（图片来自：https://www.sohu.com/a/346111509_104421）

为了提高士兵训练的效率，虚拟军事训练通过打造虚拟训练环境来实现。例如，美军曾发布模拟环境训练（Environmental Simulation Training，EST）项目，旨在为步兵团打造统一的训练环境。此项目目前能够提供几十种不同战斗场景的模拟训练，未来训练场景还会不断丰富。

在模拟环境训练项目中，受训士兵在复杂的沉浸式虚拟环境中接受模拟训练，模拟训练环境的数据均来源于之前多次进行的联合作战演习，具有极高的仿真效果。

图 3-57　不同环境下的模拟军事训练

（图片来自：https://ishare.ifeng.com/c/s/7liPjz6uWKz）

有了虚拟现实技术的加持，士兵只需要戴上 VR 设备就能够瞬间和队友一起穿越到任何复杂的训练环境中展开虚拟训练。通过云计算还可以让这种沉浸式训练不受地点和硬件配置的限制，提供持续稳定且清晰的地形和作战模拟。

尽管模拟训练并不能替代实战演习，但是虚拟军事训练能够支持随时随地的训练，在战斗训练中心或者驻扎地，无论装备是否齐全，士兵都能进行模拟训练。不仅如此，虚拟军事训练的内容也支持定制，它不只能够进行作战模拟，还能模拟整个军队的训练和任务指挥。借助虚拟现实设备，整个训练过程中的实时数据也会被收集，进而用于识别实战中可能出现的问题，做到防患于未然。

图 3-58 佩戴 VR 设备即可进行虚拟军事训练

（图片来自：https://cj.sina.com.cn/articles/view/2375086267/8d90f0bb02000gllf?display=0&retcode=0）

打造复杂的 VR 军事训练场景

为了满足更高的模拟训练要求，需要打造不同的军事训练环境。BISim（Bohemia Interactive Simulations）公司推出了一款专门的训练模拟软件，专注于 3D 地形渲染的引擎，可渲染包括大陆、海洋、天空甚至太空的训练场景。

通过结合人工智能，虚拟军事场景中的智能目标可以实现自主行动，因此每次训练的结果都不会完全一样。这种极方便的更新意味着训练场景可根据真实环境的变化随时修改。地形、地貌、环境、人数上的更新能够及时改变虚拟训练环境。在训练结束后，训练场景通常会被重置，不断变化的训练环境可为相同的战术行动提供多种不同的效果和反馈。

图 3–59　可随时修改的虚拟军事环境

（图片来自：https://ishare.ifeng.com/c/s/7liPjz6uWKz）

国际上已经有许多较为成熟的虚拟现实技术与军事相结合的案例。如英国国防部 VR 训练系统，它是基于游戏引擎模拟的虚拟作战场景。目前这个系统已经在伞兵团和步兵训练中心完成初步试验，并且该系统能够同时支持最多 30 名士兵进行同步训练。

同时还有以色列推出的 VR 反恐模拟训练，能够模拟幽暗环境训练士兵的作战能力。在该模拟训练中，通过 VR 技术的高度沉浸性模拟地下隧道等幽暗的场景，达到训练士兵的目的。该训练系统能够高度还原地下隧道场景，不仅

图 3-60 基于游戏的 VR 军事训练
（图片来自：http://baijiahao.baidu.com/s?id=1669923342081096767）

画质清晰度高、场景逼真，甚至还能对地下的水窝、水滴的声音实现清晰的刻画，将模拟真实度提高到一个新的高度。士兵通过在虚拟场景中清理隧道内的爆破物来进行训练，同时还能提升在幽暗环境中辨别方向的能力。该训练系统适用于各种复杂环境、危险环境、远距离条件的模拟训练。

图 3-61 模拟幽暗环境下进行能力训练
（图片来自：http://www.51569.com/a/70069.html）

此外，虚拟现实技术还能帮助搭建和虚拟无形的战场，进行军事心理训练。

当和“敌人”虚拟作战时，虚拟现实技术可以用来帮助营造威慑敌人的画面，甚至可以模拟敌人未来的行动轨迹、可能采取的对抗措施以及虚拟敌人惨败的场景等。这样的场景在战场中公开展示，能够使敌人感到自己的行动已经被暴露，从而实现威慑敌人、瓦解敌人的战斗意志，最终击溃敌人的目的。

当然，实施虚拟心理战需要对敌方的情况有全面和准确的把握，并且要求虚拟现实技术能够达到真实呈现交战可能后果的水平，如此才能使敌人陷入混乱，削弱或瓦解敌人的战斗力和意志力，为战争的胜利打下有利的基础。

教育教学新途径

虚拟现实研究学者托马斯·弗内斯（Thomas Furness）这样评论虚拟现实技术与教育的关系：“虚拟现实改变社会，从教育开始。”

虚拟现实与教育有着千丝万缕的潜在联系，它们的交织才刚刚开始。人们不仅在现实的世界里工作、生活、娱乐、学习，也正在融入虚拟的世界之中，获得一种全新全方位的体验。从互联网、移动互联网到智能设备的逐步普及，人们已然逐步构建起一个虚拟的线上世界。在这个虚拟世界里，地理位置不再是最重要的，彼此的时间与空间实现了交织与连接。

虚拟现实正在让我们重新理解现实本身。现实离我们很近还是很远？教育的过程离不开生活的经验，离不开学习的体验。虽然我们身处现实的物理世界之中，但是每个人所能体验或亲历的现实各异。有些人去过世界之巅珠穆朗玛峰，有些人见过奔流不息的黄河，有些人身处高楼林立的城市，有些人居住在小桥流水的乡村。每个人体验着他人未曾经历过的现实。虚拟现实试图打破这种现实体验的局限，不仅是打破了生活经验的“篱笆”，更是对每个人教育边界的拓展。教育的过程是一种结合个人经历、不断转化、反复思索的历程。

就目前的应用情况而言，沉浸式虚拟现实技术还远没有在教育中广泛应用，暂时处于初步试探性阶段，主要集中在教育研究与部分小规模技能培训中。这虽然仅仅只是一个苗头，但却给教育教学带来了新的途径。

谷歌地球 Google earth 虚拟现实版本，借助整套沉浸式虚拟现实设备，可以让孩子们选择地球上上百个不同的景点，用一种如同“空降”的方式进入到逼真的情境中，感受被包围的虚拟空间。此外，世界上许多大博物馆也纷纷开设了虚拟现实体验，用户只需戴上虚拟现实设备，就能立马来到虚拟博物馆，在场景中走动，仿佛就在实体博物馆中游览。

在线上线下教育融合的背景下，虚拟现实的加入能否拓展教育教学的途径，为更完善的教育教学提供机会呢？虚拟现实借助其特有的技术优势应用到教育行业中，可以帮助创造全方位沉浸的体验式学习环境，增加学生的学习兴趣和带入感，方便学生模拟实验，促进学生技能性知识的掌握及情感体验、价值观的发展。

虚拟现实远程教育通过呈现三维的教师授课场景，并且搭建虚拟课堂，使得处于不同地域的学生能身临其境地和教师进行互动。有些无法通过二维图像呈现的实验、肢体动作教学完全可以用虚拟现实系统模拟出来并传递给所有的学生，学生也可以通过虚拟现实技术与设备将学习效果三维模拟反馈给教师。

图 3-62　虚拟现实教室的搭建
（图片来自：https://www.sohu.com/a/288610667_177272）

虚拟现实技术能够辅助教学，创设更有利的教学场景。当语文教学借助虚拟现实技术后，课文中的文字描述可以变成一幅幅栩栩如生的画面。通过情境的创设和呈现，帮助学生在有声、有色、有情、有味的多感官语言环境中学习语文。

在历史教学中，教师可以利用 VR 设备使学生进入借助虚拟现实技术重新构造的历史时代，将失落的远古文明、源远流长的历史长河通过 VR 直观地展现给学生，学生可以身临其境地观察各种艺术奇观，体会当时的人文韵味。

在科学教学中，教师可以使用虚拟现实技术带领学生

图 3-63　学生借助 VR 技术体验学习
（图片来自：https://www.sohu.com/a/150980512_697725）

身临其境地体会科学的奥妙。相较于二维的图片，虚拟现实技术可以让科学教学更加立体丰满。

综上，虚拟现实技术可以创设一个与现实生活极其贴近的模拟场景，使学生足不出户就能看到千里之外的风景。在虚拟的环境中，学生可自由浏览，并通过和系统的交互来获得相关的知识。此外，这样的三维虚拟场景还能适时变化和调节，不仅扩展了学生视野，还提高了教学效率。

在实际教学中，演示是非常直观的教学方法之一。但不是所有的演示都能轻易实现，VR 能帮助展示一些现实生活中无法看到的、变化太快或者太慢的过程。有了虚拟现实技术的辅助，学生即可自己操作来控制事物的变化过程，实现对所学知识的意义建构。

在观看演示的基础上，学生还要吸收知识、掌握技能并且学会迁移应用。虚拟现实技术允许在同一场景中让学生修改参数。例如，物理中的“浮与沉”主题教学，除了能够利用虚拟现实技术让学生对潜水艇的工作原理一探究竟外，还可以让学生通过改变相关数值，观察物体的浮沉，从而了解上浮与下沉的原理，进行知识的迁移，进而更好地完成知识的学习。

不论哪一门学科，对学生核心素养的考查都非常强调学生在具体情境中运用知识解决问题的能力，而虚拟现实技术则为这样的考查提供了技术支持。

当遇到无法实现真人操作的实验时，师生可以应用虚拟现实技术进行科学实验。“VR+ 实验”不仅能够让学生像在真实的实验室中自行操作难度较高的实验一样，还能让学生在没有危险的情况下零距离观察实验现象。

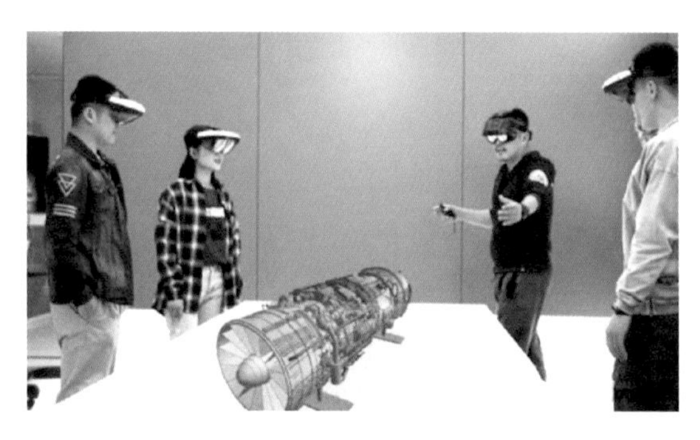

图 3-64　通过 VR 技术进行实验
（图片来自：http://tech.tom.com/201905/1114224167.html）

在虚拟世界中进行实验的仿真模拟，既能避免真实实验带来的危险和麻烦，又能高度真实地模拟实验步骤，达到与真实实验近乎相同的效果。

虚拟现实技术与传统教学模式的结合为教育教学过程带来了新的途径。研究者通过虚拟现实技术设计各类模拟实验，让学生们进行生物学、物理、化学、地理等领域的实验。虽然实验本身是模拟的，但是步骤与现实中的实验

图 3-65　借助 VR 技术安全地进行化学实验

（图片来自：https://www.iqiyi.com/w_19rwuwkn59.html 视频截图）

过程高度一致。这种基于虚拟现实的“严肃游戏”成为让学习者提前接触实验过程，在不断尝试中了解与掌握实验技能的新方式。在 VR 实验中，学生不再对学科知识感到无聊和乏味，而是饶有兴趣地参与其中并逐步提升学习的积极性。相较于传统的教师主导实验，VR 的加入让学生成为主体，进一步推动了师生互动。这种新的教学方式和背后的教育理念可以在未来的教育领域大有作为。

图 3-66　在 VR 实验中学生沉浸式地体验

（图片来自：https://jingyan.baidu.com/article/a3761b2b6d38195476f9aad8.html）

目前已经出现一大批“VR+ 教学”的研发者，这些公司利用先进的虚拟现实技术，与教学过程中的实际需求相结合，研发了适应教学的虚拟现实课堂系统，为国内的虚拟现实课堂教学提供了整体解决方案。例如，国内虚拟现实50强企业江西科骏实业有限公司深度融合虚拟现实技术和教学应用，在基础教育阶段的自然科学、信息科技及美术设计等学科领域，模拟各种教学场景，开展真实情景探究教学。在职业教育领域，研制轨道交通检查、汽车虚拟仿真实训、航空虚拟仿真、电气工程仿真等研训课程。这些探索凸显了虚拟现实技术打破时空局限、降低体验者亲历成本的优势，实现了短时间内高效提升针对性技能的教学价值。

虚拟现实技术与教育的融合，能够改变传统的教学模式，并更大限度地帮助教育超出时间和空间的限制。在未来，这样的融合可以帮助解决教育资源匮乏和不均等的问题，虚拟现实技术也将在教育领域寻求更大更深的合作空间。

四　虚拟现实的未来展望

在科幻小说作家的眼里，人们有可能完全生活在虚拟世界之中，甚至更高维度的文明也可能生存于另一种数字矩阵之中。这看似不可思议的想象也并非完全是天马行空的无稽之谈。虚拟现实的未来仍然有巨大的空间，我们能够构建什么样的虚拟现实世界，离不开对自我、对世界的深刻认识与自省。

没有边界的虚拟现实

虚拟现实是一个无限宽广的领域。展望未来，虚拟现实将进一步构建一个没有边界的新场域。回顾当前对虚拟现实的界定，我们不难看出，有几种不同的说法和定位正在反复交织碰撞。这也反过来表明，虚拟现实仍然处于发展的早期阶段，仍然有大量的技术瓶颈。

如果说增强现实是在现实世界里叠加虚拟信息，使得现实世界变得更加多维，那么，狭义的虚拟现实则是另外一种哲学取向，这种取向更愿意人们完全进入一个不夹杂现实物质的世界，一个完全虚拟足以欺骗大脑真假性的世界。虚拟现实能打造出一种比计算机键盘和鼠标交互更沉浸的交互体验，让用户完全进入虚拟世界中并以自然体态进行互动，打造个体的“存在感”。20世纪末，研究者提出了虚拟现实技术的三个基本特征，即沉浸、互动、想象。曾几何时，2016年被称为虚拟现实的产业元年，主要的变化表现在，完全沉浸的虚拟现实设备开始从军事与医疗等前沿试探性领域延伸到普通消费者市场，如HTC Vive、Oculus、PlayStation VR等逐步被消费者所认知。沉浸式虚拟现实（Immersive Virtual Reality，IVR）是目前能使消费者最大限度地达到虚拟现实沉浸感的级别类型。该虚拟现实采取空间定位、自然体态交互、高精度三维场景等技术方式。然而，理性地说，2016年并没有达到所期待的虚拟现实产业元年的高度，这也并非幻想再次破灭，而是有更多问题需要突破。

近些年来，以头戴式为代表的沉浸式虚拟现实正在消费者市场中不断普及，人们开始逐步尝试这类虚拟现实产品。当人们戴上一个头盔眼镜，再加上一定的空间定位设备，就可以置身于虚拟世界中展开丰富的沉浸式交互。只要在现实中走动、跑动、跳跃、环视，就能够实时体会置身于虚拟世界的感受。1992年，在科幻小说《雪崩》(*Snow*

Crash）中，科幻作家尼尔·斯蒂芬森（Neal Stephenson）首次提出了元宇宙（Metaverse）的概念。元宇宙是一个平行于现实世界且永不下线的虚拟世界。人们在虚拟世界可以做许多事情，除了睡觉与吃饭无法完成，其他都可以。当地时间 2021 年 10 月 28 日，全球最大的社交网络平台 Facebook 正式更名为 Meta。与此同时，该公司的标志也从一个点赞的图标变成了一个近似无穷的符号。Meta 意味着元宇宙，表面上是公司名字的改变，却可能意味着面向未来的重大转变与尝试，意味着该公司从社交媒体平台转向打造一个虚拟世界。电影《头号玩家》就呈现了这样一种构想的状态。人们反而不关注现实世界中的体验，更乐于在虚拟世界中取得胜利，但也让更多人在两个世界里体验了某种意义上的冲突与平衡。

图 4-1　电影《头号玩家》场景

这是虚拟现实的一种重要追求取向，设法让人完全置身于数字化的虚拟世界之中，让人感觉自我就是数字经历的总和。然而，这也并非虚拟现实的全部。人们谈论的 VR 产品，某种程度上偏向于让人置身于一个虚拟世界之中，而不顾现实物理世界的信息；AR 产品偏向于给现实物理世界叠加各类虚拟信息，故而人们称之为增强现实（Augmented Reality，AR）；然而，当 VR 与 AR 产品走向过渡性融合的时候，出现了所谓的 MR 产品，也就是混合现实（Mixed Reality，MR）产品，往往兼顾虚拟世界与现实世界的信息。受限于影像技术、通信技术、计算能力等不成熟的技术条件，虚拟现实还很难像目前的智能手机那样自然地成为一种常态化的设备（甚至有人将手机称为身体的外延——智能的器官）。面向未来，VR、AR、MR 将走向新的融合，一种没有边界的虚拟现实将成为可能（见图 4-2）。

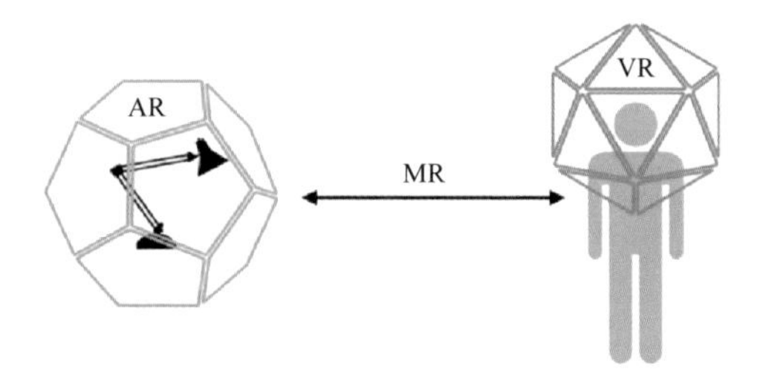

图 4-2　VR、AR、MR 产品关系图

任何人既可以非常快速地进入虚拟世界，又可以在现实世界中与各种信息产生交互。试想一下，未来的虚拟现实产品或许是一副轻便可穿戴的智能眼镜，或者是虚拟现实隐形眼镜。你可以任意切换虚拟与现实的世界，可以随时进入一个完全虚拟的空间中展开互动。你也可以置身于现实世界中，但是映入眼帘的是现实与虚拟叠加的信息。你看每一个物体都不是简单的物质，而是一种混合信息的

物质。这种叠加的信息还能够自主选择。也不仅限于物体，当你遇见一位朋友，你也可以看到他的叠加信息，如姓名、喜好、心情等。设置每个人就像设置朋友圈那样，不断更新获得的虚拟叠加信息后，你看到的朋友将是一个融合了多元信息的状态。未来的虚拟现实，将越来越可穿戴，越来越轻便，虚拟与现实的边界越来越模糊。

超越逼真的虚拟现实

常言道："耳听为虚，眼见为实。"然而，人真的可以分辨真实与虚拟吗？虚拟现实真的可以逼真到人也难以分辨吗？

经典的图灵测试，就是根据人是否能够分辨是机器还是人在与其对话，从而推理机器是否具备"智能"。而虚拟现实中的类"图灵测试"，可以换而言之，就是根据人是否能够分辨现实与虚拟，从而推论虚拟是否能够成为一种存在的生命时空。

正如虚拟现实游戏《高空木板行走》，其实人在该游戏的现实世界中的走动非常安全，但恰恰是虚拟现实带来

图 4-3　虚拟现实游戏《高空木板行走》截图

的逼真体验，给体验者带来了心跳加速、欺骗大脑的感受，让人们即使分得清现实与虚拟，也难以无视虚拟现实所构建出来的极其可信的体验与感官刺激。

从另一个机器拟人化的视角来看，随着机器越来越像人，就会出现所谓的“恐怖谷效应”。而当虚拟越来越像真实，是否也要经历所谓的恐怖谷效应呢？1970年，日本机器人专家森昌弘提出恐怖谷理论，这是一个关于人类对机器人和非人类物体的感觉的假设。森昌弘的假设指出：由于机器人与人类在外表、动作上相似，所以人类亦会对机器人产生正面的情感；而当机器人与人类的相似程度达到一个特定程度的时候，人类对机器人的反应会突然变得极其负面和反感，哪怕机器人与人类只有一点点的差别，都会显得非常显眼刺目，从而使整个机器人有非常僵硬恐怖的感觉，犹如行尸走肉；当机器人和人类的相似度继续上升，相当于普通人之间的相似度时，人类对他们的情感反应会再度回到正面，产生人类与人类之间的移情作用。

当虚拟现实试图逼近现实的时候，也将会经历一个认同感的U形曲线，人们也将反感抑或恐惧那种接近现实的虚拟场景。但在这之后，或许人们会更加主动地选择沉浸于虚拟所构建的世界之中。

展望未来，人们将会用数字孪生的理念与技术去构建一个虚拟与现实平行的世界，借助虚拟现实到任何地方都可以无差异地感受与互动。每一个空间都有一个虚拟现实世界的代码，人们可以在任何时间前往任何地方，却毫不拥挤和嘈杂。

虚拟现实所期待的超逼真体验，将意味着另一种情况的出现。例如，一位身体力行亲自去了北极的人，所感受到的、体验到的、经历的一切还不如一个在家里通过虚拟现实技术去北极的人来得多。这种反差看似不可能，但却在未来完全可能实现。

与此同时，未来的虚拟现实不仅将复刻现实，同时也会在超越现实中反过来重塑另一个世界。虚拟现实所构建的世界定然不会止步于模拟现实。从某种程度上说，过于苛刻地模拟现实反而会适得其反。而重新设计一个生存空间，满足生命存在的需求，创生新的需求也将是虚拟现实的另一条路径。

智能重塑的虚拟现实

随着虚拟世界的进一步发展，人们将不仅在现实世界中生活、工作、学习，同时也将在虚拟世界里获得更多角色，甚至是一种虚拟身份。每个人在虚拟世界里获得新的体验、成就、荣誉，形成新的空间和群体认知。

早在20世纪20年代，维果茨基就意识到：社会环境是教育过程真正的杠杆。社会关系的内化来源于个人所有的高级心理机能，特别是社会性互动提供了获得语言、改变文化观念的途径。然而，过去难以对群体的社会化建构过程进行充分的量化与质性研究。如今，Facebook Spaces、Sansar和AltspaceVR等软件系统正在逐步支持多人沉浸式虚拟现实的社交活动，虚拟现实与脑电联动系统为进一步研究人们在虚拟世界里虚拟身份的形成方式提供了新的途径。同时，通过扮演不同的角色，过程中的群体协作也有助于进一步探究教育研究领域里的社会文化问题。

一项研究表明，当参与者在虚拟现实中选择比真实身高更高的虚拟化身的时候，他们在参与虚拟现实中的谈判任务过程中会显得更有信心。在自信心与虚拟角色之间的关系确立了之后，该研究对过程中的行为如何逐步表现出来、大脑的状态如何以及这种自信心是否能够迁移到现实世界中也进行了说明。虽然该研究并没采用虚拟现实与脑电联动系统，而仅仅使用了简易的虚拟现实场景，但是在可预见的情况下，这套系统更加深入地研究了一系列自我认知、虚拟身份、群体协作和社会文化问题。这种虚拟现实重塑人的情感、态度、价值观才刚刚开始。

在物理世界中，过滤掉任意特定体验的众多线索是非常困难的。沉浸式虚拟现实环境的另一个好处在于提供了“逆向工程设计”的可能性。在虚拟现实环境中，每一个用户体验到的场景、看到的事物、听到的声音、进行的交互等都是可以完全设计的。在这种控制下，系统能够以更“纯粹”的方式反复模拟与迭代开发，因此通过虚拟现实展开人文社会科学实验将变得普遍而独具意义。

教育学者戴维·乔纳森（David Jonassen）认为：“学习是大脑的生化活动，是相对持久的行为变化，是信息加工，是记忆与回忆，是社会协商，是思维技能，是知识建构，是概念的转变，是境脉的变化。”

过去，研究者也非常注重多维度地考虑学习与大脑、环境之间的关联，但还是缺乏行之有效的系统场景，使可以同步创造一个全身沉浸其中的环境。越来越多的研究者发现，认知离不开身体活动。“具身认知”主张，认知和思维在很大程度上是依赖和发端于身体的。身体的构造、神经的结构、感官和运动系统的活动方式决定了人们如何认识世界，决定了人们的思维风格，塑造人们看待世界的方式。

虚拟现实所构建的世界将是一个具身认知的世界，随着数据的累积与交互的丰富，虚拟现实也将走向智能化与个性化。

每一个人所进入的虚拟世界都将不同，千人千面的现象不仅仅停留于智能手机的应用程序中，也将衍生到虚拟现实之中。

现实与虚拟交织在一起，没有边界，无限真实，智能个性，这就是未来的虚拟现实，也是当今社会正在走向的下一个阶段。